电网工程数字孪生方法及应用

王维军　主编

U0208341

吉林大学出版社

图书在版编目(CIP)数据

电网工程数字孪生方法及应用 / 王维军主编 . -- 长春：
吉林大学出版社，2022.8

ISBN 978-7-5768-0160-6

I. ①电… II. ①王… III. ①数字技术－应用－电网

－电力工程－研究 IV. ① TM727-39

中国版本图书馆 CIP 数据核字 (2022) 第 138192 号

书　　名	电网工程数字孪生方法及应用	
	DIANWANG GONGCHENG SHUZI LUANSHENG FANGFA JI YINGYONG	
作　　者	王维军　主编	
策划编辑	黄国彬	
责任编辑	陈　曦	
责任校对	单海霞	
装帧设计	繁华教育	
出版发行	吉林大学出版社	
社　　址	长春市人民大街 4059 号	
邮政编码	130021	
发行电话	0431-89580028/29/21	
网　　址	http://www.jlup.com.cn	
电子邮箱	jldxcbs@sina.com	
印　　刷	定州启航印刷有限公司	
开　　本	710mm×1000mm	1/16
印　　张	15.75	
字　　数	200 千字	
版　　次	2022 年 8 月　第 1 版	
印　　次	2022 年 8 月　第 1 次	
书　　号	ISBN 978-7-5768-0160-6	
定　　价	62.80 元	

前 言

随着建筑信息模型（BIM）技术在我国的推广应用，其价值逐渐显现，传统的工程管理信息化逐渐被基于 BIM 的数字建造理论替代。在数字化变革的大趋势下，"数字工程"必然成为工程建设行业转型升级的核心引擎，其对工程建设行业的影响必然是全价值链的渗透与融合，包括原材料加工、设备制造、工程建设、生产运维检修等环节的信息传递与集成应用，以实现工程项目全生命周期数据共享和信息化管理，为项目方案优化和科学决策提供依据。基于 BIM 的工程数字孪生技术在全生命周期、全参与方、全目标、全要素管理等多个维度实现全面信息化，贯穿规划设计、施工建造、生产运营、维护检修全生命周期数字化建设并实现信息价值提升。

工程数字孪生是指在工程项目建设过程中，物理世界的工程产品与虚拟空间中的数字信息模型同步生产、更新，形成完全一致的交付成果。工程数字孪生是信息模型应用的最重要的价值体现，以模型为信息载体，在项目全生命周期内完成几何信息和非几何信息的动态积累和集成，构建物理实体的虚拟信息镜像，包括使得物理世界与虚拟世界产生精确映射关系所需的数据、信息，实现项目工程数据的贯通、交互与共享。

本书在学习现有成果基础上，研究讨论了工程数字孪生的途径和应用价值。全书主要有如下几部分内容：第一部分用两章总结了 BIM 技术及其应用现状，介绍了 BIM 技术的核心理念和应用价值；第二部分为工程数字孪生的方法和路径，主要介绍了工程建设各阶段模型数据构成和赋息要求与方法，包括项目全生命周期管理信息化任务分解、项目全生命周期管理信息化组织与协同管理、项目全生命周期管理信息化 WBS 与 OBS 信息流交互分析；第三部分介绍了基于 BIM 的输变电工程项目全面信息化管理体系，包括体系功能分析与总体设计、工程项目数据中心的建立、协同管理体系的总体构架；最后一部分是案例应用介绍，以某变电站项目信息化建设为例介绍了 BIM 与工程数字孪生的实用价值。

由于数字孪生技术在工程建设领域应用尚在发展初期，还有很多需要研究的内容和方向，本书在广度和深度上还存在诸多不足，请读者多提宝贵意见，以期进一步改进和完善。

作 者

2021 年 12 月

目　录

第一章　BIM 技术概述

第一节　BIM 技术的诞生

20 世纪 70 年代，受全球石油危机影响，美国全行业需要考虑提高行业效率的问题。在此背景下，"BIM 之父"——时任卡内基梅隆大学建筑和计算机科学专业教授的 Chuck Eastman（查尔斯·伊斯特曼）借鉴制造业的产品信息模型（product information modeling）提出了"building description system(BDS)"的概念，并以此作为研究课题，提出了"a computer-based description of-a building"，以便于实现建筑工程的可视化和量化分析，提高工程建设效率。1975 年，Chuck Eastman 发表的论文 *The Use of Computers Instead of Drawings in Building Design*《计算机代替图纸在建筑设计中的应用》，旨在运用计算机系统对建筑物开展智能模拟，这是 BIM（building information modeling，建筑信息模型）思想的最初来源。

进入 21 世纪，BIM 被定义为表示建筑元素的结构化模型。BIM 的使用已从施工前阶段扩展到施工后阶段，逐渐满足了建筑建造工程（AEC）行业的要求。BIM 已在美国、芬兰、香港、澳大利亚（包括马来西亚）等许多国家实施。直到 2005 年，BIM 被定义为开发和使用计算机软件来模拟设施的构造和运行。在规划、设计、施工、维护和最后拆除阶段，BIM 被用作控制信息以及所需的组织、职责和过程的工具。2006 年，BIM 被定义为一种新的方法来管理和提高管理项目的 AEC 绩效。2008 年，BIM 被改编为一个由项目组件的三维模型组成的项目模拟。它与整个项目阶段所需的信息相连接和集成。

2008—2013年，BIM被扩大为一场技术革命，有助于改变建筑的构思、设计、建造和运营方式。BIM概念的采用被称为建筑建造工程（AEC）行业的范式转变、一场"技术革命"，有助于实现建设项目的效率和有效性。这是一套数字工具，通过改进计划流程、设计、施工以及设施的运行，帮助建筑建造工程行业管理建设项目。BIM也被称为一种接近设计文件的新方法，帮助施工方插入、提取、更新或修改设施信息。

BIM的概念伴随着信息技术在建筑行业的深入运用和科技手段的不断进步而产生和发展，从其概念萌芽到逐渐成熟历经了较长时间，且概念的提出者往往又从多个方面来解释与之相关的问题，因此，其又常以不同的名称出现，如单一建筑模型（single building model，SBM）、集成建筑模型（integrated building model，IBM）、通用建筑模型（generic building model，GBM）及虚拟建筑模型（virtual building model，VBM）等。近年来，随着各方的看法逐渐趋于一致，建筑信息模型BIM的说法得到了广泛的认同。

第二节　BIM技术发展与应用现状

一、国外BIM技术发展与应用

BIM是建筑本身及建造过程信息的数字化表达，实现项目全生命周期中动态的工程信息创建、管理和共享。目前，BIM在国内外建筑行业得到了广泛推广和应用，是引领建筑业信息化革命的重要技术手段，推动了建筑工程领域数字化转型，并引起世界范围内的广泛重视。

BIM从概念提出到不断完善，再到工程建设行业的普遍接受，经历了几十年的历程。BIM的实践最初主要由几个比较小的先锋国家所主导，如芬兰、挪威等。美国等一些早期实践者紧随其后。经过多年的发展完善，BIM 在美国逐渐成为主流，并对包括中国在内的诸多国家的 BIM 实践产生影响。其中部分国家的 BIM 应用现状如下。

1. 美国

美国是 BIM 技术的最早实施者，美国工程领域 BIM 的发展和推广政策是以市场为依托，采用政府部门示范引导结合工业界自主发展的创新扩散模式。美国 BIM 技术标准的研究和制定与推广政策非常相似，形成了以美国国家 BIM 标准（NBIMS）为主、建筑行业职业组织应用标准和大型业主 BIM 工程实施指导为辅的多样化发展的技术标准生态圈。

美国国家建筑科学研究院（national institute of building sciences，NIBS）通过依托其智慧建造联盟（building SMART alliance，bSa）于 2007 年发布了美国国家 BIM 标准第一版第一部分（NBIMS Version 1-Part1），为推动 BIM 在美国建筑市场的推广和应用提供了国家层面的标准支持。随着 BIM 技术的不断进步更新和工业界应用的日渐成熟，NBIMS 项目委员会于 2012 年和 2015 年分别推出 NBIMS-US 第 2 版和第 3 版。NBIMS 的制定是整合已有标准（包括 ISO 核心标准、行业标准以及行业应用指导方针等），通过项目委员会投票一致而产生的。NBIMS 是一个自愿性标准，其采用与执行不具备强制性。

2. 英国

英国国家层面的 BIM 实施计划，最早是在 2011 年英国政府发布的《政府建设战略报告 2011—2016》中提出的。英国虽不是全球首个实施 BIM 的国家，但是确实因其组织良好、行动计划有序、标准／战略／应用全面而成为全球 BIM 应用的领跑者。2015 年，政府条例规定所有建设项目必须是 BIM 和电子提交审批，在 2016 年作为最低限度，实施充分协调的 3D BIM，BIM 二级成为常态。并提出在下一阶段将 BIM 技术的应用从设计、施工领域逐渐延伸至项目的运行和管理领域。同时，提出了"英国数字建筑战略"，即 BIM 三级战略计划，包括制定 BIM 三级数字化标准。2050 年实现建筑环境数字化、智慧型的社会政治流程，集成自主的交通网络、自适应的公共服务。

3. 芬兰

芬兰在 BIM 技术的应用方面领先于其他国家。早在 20 世纪 70 年代，政府加大经费投入，资助研发建筑业 IT 技术，2007 年制定了《BIM 要求系列指南 1—9》，其中提到由客户间接支付建模和管理费用，并从那时起就要求政府机构资产采用 IFC 实现 BIM 建模。2012 年发布通用的《BIM 要求系列指南 1—13》。2015 年发布了《基础设施 BIM 指南》，要求到 2025 年所有基础设施项目建设过程的所有阶段都采用 BIM 技术，届时达到"基础设施＝物理的基础设施＋信息"。

4. 挪威

挪威参与研发 IFC 比较早，被认为是世界上最早应用 BIM 的国家之一；是欧盟和 ISOBIM 标准化技术分委会秘书处所在国；目前已在中小学开展 BIM 启蒙教育。2000—2007 年间合作开发了数字化电子提交系统，采用 IFC 开放标准，开始应用 BIM。2010 年开始，要求所有新建和改造的政府项目在建设过程中使用 BIM。2011 年挪威房屋建造师协会发布了 BIM 手册 1.0。2013 年挪威公共建筑机构（Statsbygg）发布了 BIM 手册作为全国指导性文件；2015 年要求全国公共项目使用 BIM。

5. 法国

2012 年，法国制造业提出制定产品数据交换标准的需求，2014 年制定首部 BIM 标准（XPP07-150）。2015 年制定建筑业数字化转型行动计划（PTNB），成立工作组（类似英国 BIM 工作组）；政府拨款 2000 万欧元支持 BIM 项目（三年）。2016 年根据 XPP07-150

标准制定对象数据字典（PPBIM）。2017 年要求所有公共采购项目采用 BIM，并建成 50 万套 BIM 住宅。

6. 德国

2013 年政府提出建筑业数字化设想，分为以下三个阶段。

第一阶段是制定建筑业数字化标准，厘清法律事务。

第二阶段是拨款 1000 万欧元进行 BIM 试点项目，强制所有公共交通项目实施 BIM。2015 年政府提出：到 2020 年，所有交通项目强制采用 BIM，并逐步推广至所有建筑。

第三阶段是 2018 年 3—12 月预期所有公共部门项目强制实施 BIM，2019 年预期所有公共建设工程强制实施 BIM。

7. 阿联酋

迪拜的 BIM 应用在中东地区处于领先地位。2007 年，来自别国 40% 的开发商是中东地区的 BIM 用户，采用的是德国、英国或美国的 BIM 标准。2014 年迪拜市规定所有 40 层及以上建筑、2.8 万 m^2 及以上建筑、国际方参与项目、医院、学校、重大公共建筑强制实施 BIM。

8. 韩国

2009 年，韩国国土海洋部（MLTM）发布建筑 BIM 应用指南；2010 年公共采购服务中心（PPS）发布 BIM 实施路线图 / 成本管理指南，建筑科学研究院（KICT）发布建筑环境 BIM 指南。2016 年，所有超过 5000 万韩元的项目或者公共采购项目强制实施 BIM。

9. 日本

2004 年，日本私人投资项目已逐步采用基于对象的三维 CAD。2009 年日本政府声明其建设项目实施 BIM；同时，由公共 / 私营部门和院校组成的 BIM 协作委员会启动。2010 年，国土交通省（MLIT）

启动 BIM 试点项目。2012 年，MLIT 起草《政府建筑项目 BIM 应用指南》（简称《BIM 指南》）；MLIT 提出 CIM 计划并开展 CIM 试点项目；同时，CIM 研究委员会启动。2014 年 3 月，《BIM 指南》正式发布；BIM 协作委员会起草《BIM 指南》的补充文件《BIM 导则》，着手制定编码系统（coding system）。同年 11 月，日本建筑业联合会（JFCC）发布总承包商与分包商协作的施工 BIM 指南。2016 年，启动新的最高级别的 CIM 促进委员会，加强 CIM 推广工作（下设三个工作组，分别负责应用指南、标准程序和现场验证）。2017 年，MLIT 于 3 月发布 CIM 应用指南，该应用指南涉及河道闸门、大坝、桥梁、隧道、道路、地下结构、土工等工程。

二、国内 BIM 技术发展与应用

欧美国家使用 BIM 技术的项目数量日益增长，逐渐超过了传统项目。在中国，直至 2017 年，BIM 技术仍处于起步阶段。据国家统计局和住房和城乡建设部数据显示，2017 年中国共有 70 万个建设项目，其中仅 3000 个项目采用 BIM 技术。由此可见，我国建筑信息管理发展极为缓慢。幸运的是，政府机构、行业协会、培训机构等都十分重视 BIM 的应用价值和意义。随着成功举办全国信息发展技术论坛、BIM 主题研讨会、BIM 建筑设计大赛、BIM 高级培训班等一系列活动，BIM 的影响力不断扩大。中建国际设计顾问有限公司（CCDI）、上海现代建筑设计（集团）有限公司、克林斯图宾国际建筑设计部、Aedis 建筑设计策划中国公司在不同的项目中采用了不同程度的 BIM 技术。同时，在政府的支持和推广下，业主对 BIM 的认识也在不断提高。

2003 年 11 月 14 日，建设部发布了《2003—2008 年全国建筑业信息化发展规划纲要》，要求具有国际国内大型工程总承包能力的企业重点建设"一个平台，三个系统"。可以说，这一提纲开启了信息研究的序幕。

2009 年，国家住房工程中心开展了有关 BIM 标准的研究，提出了中国建筑信息模型标准框架，主要包括数据传输格式标准、信息分类、数据字典和流程规则等。

2011 年，住房和城乡建设部发布《2011—2015 年全国建筑业信息化发展纲要》，第一次在大纲中直接提到了 BIM 技术。

2015 年 6 月 16 日，住房和城乡建设部发布《关于推进信息模型应用的指导意见》（以下简称《意见》）。该《意见》指出建筑行业应用 BIM 的探索方向及应用，阐述了 BIM 的含义、基本原则、发展目标和优先事项。发展目标设定为 2020 年为建筑业甲级勘察设计单位、优质一流建筑企业应实施 BIM 技术与企业的集成管理系统和其他信息技术；2020 年底，国有资金将用于投资大中型建筑、绿色建筑、公共建筑、绿色生态示范区，BIM 项目申请率将达到 90%。

2016 年，住房和城乡建设部发布了《2016—2020 年建筑业信息化发展纲要》，进一步细化和完善扩展了 BIM 的应用需求。在文件中，前后共提到术语 BIM28 次，特别是综合应用 BIM 和大数据、智能、移动等信息技术的能力通信、云计算和物联网。

2017 年，国务院发布《关于促进建筑业可持续发展的意见》，提出加快建设信息模型（BIM）技术在规划、勘察、设计、施工和维护全过程的综合应用，实现工程建设项目全生命周期数据共享和信息管理，为项目优化提供科学决策依据。

2018 年，国务院和住房和城乡建设部鼓励建筑建造信息化与工业化，大力推行 BIM 信息化技术在建造行业的广泛应用，指出数字建筑是转型的核心，利用 BIM 和云计算、大数据、物联网、移动互联网、人工智能等信息技术，结合先进的精益建造项目管理理论方法，形成以数字技术驱动的行业业务战略。

顺应国家信息化、数字化发展战略需求，我国电力行业信息化建设也逐步展开，在引领企业更高、更快、更强发展方面起到了重要作用。电力行业对于 BIM 技术的应用，依次是推行三维设计，规范三维设计范围、内容及深度，严格落实国家、行业有关三维设计的要求，深化三维设计应用。目前，三维设计在电厂设计、建造等过程中都得到了许多应用，华东电力设计院将三维设计系统 PDS 应用于大型发电工程中，已经完成和正在进行的工程有嘉兴二期 2×600MW、孟加拉国工程 2×135MW、太仓三期 2×300MW、徐州电厂 2×300MW 等，并在三维设计的基础上，逐步完善和发展三维集成设计系统的开发和应用。在水利工程建设中，采用三维协同软件开展大渡河长河坝水电站设计工作，节约了设计成本，也提升了工作效率。

　　未来将进一步推进 BIM 技术在电力工程中的应用，应用三维立体模型表现项目建设信息，应用数字化管理平台实现信息交互与共享，应用智能化运维平台进行日常巡检、检修，真正将大数据思维与数字化信息技术应用于电力建设项目中。

第三节　BIM 与项目全面信息化管理

一、BIM 与全要素管理

　　建设项目工程全要素主要包括人员、设备资产、物资材料、方法、环境等五个方面。BIM 与建设项目全面信息化管理思维的首要出发点便是全要素管理。

1.BIM 与各参与方人员

　　借助 BIM 管理平台和 BIM 模型，业主、施工方、监理方、供货方等在各个阶段能够在 BIM 平台上进行多方参与、协同管理，快捷高效地协调各项方案，论证项目的可造性，进行限额设计、开展价值工程，能够真实预见施工阶段各项费用与建设的时间进度，及时排除潜在的风险隐患，实时跟踪管理成本、进度等目标，达到缩短施工时间、减少变更次数、降低变更成本的目标，提高施工现场生产效率。此外，借助射频识别技术，可加强对施工人员的管理，要求进入建筑工地的各类工作人员必须佩戴相应的身份标识，能够在工人进入指定工作区域时自动识别身份，在保证工程人员素质的同时，提高施工现场的管理效率和安全水平。

2.BIM 与设备资产

将 BIM 技术运用到设备资产管理中，可以将 BIM 中包含的设备资产信息（如生产厂家、型号、技术参数、维护和修理信息、使用前的检查确认等信息）直接导入设备资产管理系统，所有的设备资产最新的维护数据不断更新 BIM 数据库，可以实现信息的共享和重复使用。

通过 BIM 结合 RFID（无线射频识别电子标签）的资产标签芯片还可以快速查询整合资产在建筑物中的定位及相关参数信息。BIM 还可基于设备资产管理系统将各设备通过 RFID 等技术汇总到统一平台进行管理和控制，通过对重要设备的远程控制，从而了解设备的状态，为设备的定期维护和管理提供参考依据。

3.BIM 与物资材料

在工程施工阶段，利用 BIM 技术，对物料进行管理，通过建立物料数据库，整合物料的生产厂家、技术参数、生产日期、数量、价格等相关信息，将信息储存于材料的传感器和 BIM 系统中，在材料使用前通过传感器实时跟踪材料状态，保证物料的有序、有效使用。

4.BIM 与施工方法

在施工阶段尤其是重点工序和易发生危险的施工部位，可利用 BIM 技术进行预施工，即通过 BIM 技术进行虚拟施工，可以使施工人员了解整个施工过程的施工顺序、施工重点、施工注意事项、工程的相关信息，帮助施工人员预知施工难点、验证施工方案，并且可以发现施工顺序是否合理,设计阶段是否存在不合实际的问题等,如果发现,可以及时进行调整,节省约因施工错误造成的时间浪费和资金浪费,有利于提高工程质量。基于BIM技术的预施工功能,在很大程度上能消除施工中的不确定性和不可预见性,通过对不同方案进行预施工处理,可以选择出时间最优、人员安排最优、资金使用最优的施工方案,降低施工过程中的风险,提高资金、人力、机械的使用效率,并极大地提高了项目交底的质量。

5.BIM 与现场环境

在项目前期阶段,基于BIM的三维可视化模型把模型与周围既有环境与建筑物、构筑物等结合,对各预选方案进行考察,同时对各方案规划、选址及布局、功能分区、与周围环境的协调程度等方面进行直观的对比。通过BIM模型结合全球定位技术(GPS)、数字摄影测量系统(DPS)、地质遥感技术(RS)等测量技术,实现对被测项目的全方位测量,包括电力控制测量、电力测设、规划走廊数字化地面信息、数字化线路方案设定、电力线路选线、勘测等功能,完成对项目占地面积、建筑物间距等测量,确定被测物体的三维坐标测量数据,从而为这些距离、面积、挖方、填方的设计提供合理可靠的理论依据。在生产运维阶段,电力工程项目涉及电力系统的安全稳定运行和相关人员的生命财产安全,对于突发事件的响应能力非常重要。基于BIM技术的生产运维管理软件和灾害分析模拟软件,可对突发事件和灾害事件进行预防、警报和处理等方面高效管理。

在建筑物建设完成投入使用后,其内部结构设施(如建筑物的墙壁、楼板等)和外部配套设施、设备设施等都需要进行维护,BIM技术的运用可以精确记录维护数据和空间定位信息,结合运维管理系统制订合理的维护计划,并安排维护人员,在降低维护成本的同时,提高建筑物的安全系数。

二、BIM 与全参与方管理

在项目实施过程中，各利益相关方既是项目管理的主体，也是 BIM 技术的应用主体。不同利益的相关方，因为在项目管理过程中的责任、权利、职责的不同，针对同一个项目的 BIM 技术应用，各自的关注点和职责也不尽相同。而基于 BIM 技术的信息管理平台提供了一个让各参与方进行信息交流的虚拟环境，实现了项目各个阶段、不同专业、不同参与方、不同要素之间的信息集成与共享，在同一个平台上，各个参与方共同维护并更新信息的同时，也能更准确地把握项目的最新进展，同时综合考虑各类因素，制订下一步的管理计划，减少由于信息不对称带来的设计变更等情况，提高管理效率。

基于 BIM 技术的信息管理平台不仅实现了信息共享与集成，也促进了工程各参与方工作模式和组织方式的转变，节约了沟通成本。

BIM 要求与各参与方以共赢为目标，通过共享信息库制定合理的计划方案，避免因信息不对称对工程计划造成影响。同时，一线施工作业人员和管理人员也要全员参与，关注进行中的项目状态和资源状态，避免因组织协调问题导致工作流不稳定，为下一步工序顺利衔接起到了重要作用。

1. 业主方

BIM 技术的特点使其在多参与方、多信息交换、多数据传递的项目中有着绝对优势。在工程建设过程中，业主方作为项目管理的组织者，需要多方协调，保证与其他参与方之间直接或间接地合作协调关系。

业主方的 BIM 技术应用模式符合建设项目全生命周期 BIM 的理念，有助于 BIM 在各阶段成果的价值体现，贯穿于规划、设计、施工、运维及评价等全过程，加强业主方对建设项目的控制力，为建设项目各参建方提供协同工作平台，最终实现项目全生命周期管理的目标。

业主方在规划阶段，通过 BIM 帮助项目评估场地的使用条件和特点，从而做出新建项目最理想的场地规划、交通流线、组织关系、建筑布局等关键决策；在方案论证阶段，借助 BIM 提供的不同解决方案供项目投资方进行选择，通过数据对比和模拟分析，找出不同解决方案的优缺点，迅速评估项目投资方案的成本和时间；在施工阶段，通过可视化的三维模型，建设方更容易与设计方进行交流，减少日后不必要的工程变更；在运营维护阶段，利用 BIM 实现电子化移交，充分发挥数据记录的优势，合理制定维护计划，以降低建筑物在使用过程中发生突发事件的概率，进而降低总体维护成本；在后评价阶段，业主方根据施工过程中各阶段的 BIM 运行成果及取得的效益进行综合评价，总结存在的问题及经验教训，为后续类似项目提供参考与借鉴。

2. 设计方

首先，设计方在前期规划阶段，通过 BIM 技术建立环境模型，可以进行场地分析、土方平衡分析、土方开挖方案等，确定前期的场地投入费用，辅助业主进行决策规划。其次，在方案设计阶段，通过 BIM 技术反映建筑的实际空间关系，通过虚拟现实技术（virtual reality technology, VR）展示空间效果，通过 BIM 性能模拟辅助设计决策，可以对各系统进行空间协调，消除碰撞冲突，减少设计错误及漏洞，极大地缩短设计时间。同时通过 BIM 设计中模型参数化的特点，算量实时关联工程模型数据库，可以准确、快速地计算并提取工程量，自动实时计算并分析出工程概预算和经济指标，设计完成或修改，算量随之完成或修改，提高工程算量的精度和效率。最后，在深入设计阶段，应用 BIM 技术，通过协同设计和可视化分析可以及时解决各专业、各视角之间的不协调问题，保证后期施工的顺利进行。

3. 施工方

在前期规划阶段，通过 BIM 可以为业主和设计方提供工程信息；在初步设计阶段，可以为设计方提供项目深化意见并初步设计施工指导模型；在深化设计阶段，基于施工设计模型形成项目施工指导模型并反馈给 BIM 中心、设计方。在施工阶段，基于 BIM 技术，将建筑工程三维模型和场地布置模型整合进行施工环境的仿真模拟。利用 BIM5D 可以进行施工进度模拟和施工组织模拟。BIM5D 模型可以直观、精确地反映整个建筑的施工过程，5D 施工模拟技术可以在项目建造过程中合理制定施工计划、精确掌握施工进度、优化使用施工资源以及科学地进行场地布置，对整个工程的施工进度、资源和质量进行统一管理和控制，以缩短工期、降低成本、提高质量。BIM技术的应用给施工场地的布置提供了很好的方式，通过创建工程场地模型与建筑模型，将工程周边及现场的实际环境以数据信息输入，建立三维的现场场地平面布置，并通过参照工程进度计划，可以形象直观地模拟各个阶段的现场情况，灵活地进行现场平面布置，有效地控制现场成本支出，减少场地狭小等因二次搬运而产生的费用。

4. 监理方

BIM 技术和 BIM 模型的发展和运用对工程监理的工作方法和工作内容产生了重大影响。工程监理的传统工作方法有现场记录、旁站监理、平行检测、会议协调、发布文件等。BIM 技术"模拟施工，有效协作"的特点会极大地提高工程监理工作的效率，并且监理工程师可以将建设工程项目信息反馈到 BIM 模型，进而指导工程施工的实施。

BIM 技术的应用使监理模式从传统工程监理模式转变为数字化工程监理模式，工程项目所需的各种信息（如设计图纸、规范标准、工程监理中的各种函件以及工程照片和音像等）均能直接被计算机识别和处理，减少监理成本的同时将其转化为电子档案永久保存。在方案审查过程中，监理单位需要对 BIM 模型的准确性以及施工设计和施工方案的合理性、科学性进行审查，并在审查的基础上增加控制工程质量的关键信息；在审查设备、材料的过程中，可以通过 BIM 模型直接提取相关的各类信息进行审查，从而节约时间和审查成本；在检查和验收隐蔽工程和分项工程时，不仅可以通过 BIM 模型进行提取，还可以通过施工现场的监控信息等了解当时的施工情况；在竣工验收过程中，提取该项目 BIM 竣工模型，对竣工模型的真实性进行审查，然后加入竣工验收结论即可。

三、BIM 与全过程管理

建设工程全生命周期管理（building lifecycle management，BLM），是将工程建设过程中包括策划、设计、招投标、施工、竣工验收及生产运维管理等作为一个整体，形成衔接各个环节的综合管理平台，通过相应的信息平台创建、管理及共享同一完整的工程信息，减少工程建设各阶段衔接及各参与方之间的信息丢失，提高工程的建设效率。建筑信息模型（BIM），可收集整合工程需要的不同阶段用以指导设计、施工、运维等工作的各种信息。通过建筑信息模型可提供工程设计所需要的技术信息，以及施工工序、进度、质量、计量、安全等所需的管理信息。

1. 策划阶段

策划阶段是项目全生命周期各阶段中最为关键的一个阶段。该阶段通过对工程整体和长期的科学性、合理性的规划以及不同的投资方案进行经济和技术论证，协助业主或建设单位进行设计方案的比选，选择出最佳规划方案。在策划阶段，将 BIM 技术和 GIS 技术相结合，通过现场测量、摄影测量或者航空测量的方式，建立施工现场的数字地形模型；通过激光扫描方式，收集现场现有的建筑物信息、构筑物信息、现场的排水资料、现场周围的地下基础设施以及探地雷达数据等。

应用 BIM 技术的多维建模手段，开展真实化虚拟建造，实现对各个方案的预估算精准统计，同时能够把各类施工计划全面展现出来，既能够提高预决算工作效率、强化成本预算的把控、促使利益最大化目标的实现，还能够利用数据信息、选择适合的方案，确保工程的质量和利益相互挂钩。

2. 设计阶段

工程设计是工程项目造价控制的关键环节，对建设工程项目的建设工期、工程造价、工程质量及建成后能否发挥较好的经济效益，起着决定性的作用。据有关资料统计，设计阶段影响工程造价的因素达到了 35% ~ 85%，因此必须提高设计质量、优化设计方案。

在初步设计阶段，根据初步设计图纸，建设和设计单位可搭建初步 BIM 模型，利用 BIM 模型的关联数据库，快速、准确地统计基本工程量信息，通过价格信息平台准确查询工、料、机市场价，快速编制工程初步设计概算，为限额设计和价值工程分析提供及时、准确的数据支撑。建设湖人设计单位可以运用 BIM 技术对建筑信息模型进行修改，进而实现对设计方案的调整与优化。该模型不仅可以直接提供造价数据，方便建设单位进行方案比较、设计单位进行设计优化，从而有效控制造价。建设和设计单位可以将各个专业的 BIM 模型导入碰撞检查软件中，如 Revit 和 Navisworks，对设计成果进行碰撞检查，及时发现设计中存在的错误，便于施工前进行纠正，以减少施工过程中的变更，为后续施工预算奠定良好的基础。

通过 BIM 数据库可以累积企业所有项目的历史指标，包括不同部位钢筋含量指标、混凝土含量指标、不同大类不同区域的造价指标等，使设计人员从中获取历史数据和相关设计指标，很好地实现限额设计，避免建造成本甚至后期成本不必要的浪费。基于 BIM 的设计交底以及绘制会审，实现多方不同角度的图纸审核，发挥可视化模拟功能。通过 3D、4D 以及 5D 施工模拟碰撞检查，发现设计问题，减少错误数量，进而减少设计变更产生的返工费用，以免出现经济纠纷。同时，数据共享提高了各个专业之间协同工作的效率。

3. 招投标阶段

在招投标阶段，基于 BIM 技术建立算量模型，算量软件自动计算汇总工程量，根据工程项目特征，编制工程量清单，再套用当地政府、行业或市场颁布的工程定额，从而得到招标控制价。招标方通过 BIM 模型直接提取项目全部工程量信息，以避免漏项情况发生，而且还可以从软件中直接套取最接近市场的价格，完成招标控制价的编制。在招标文件的编制过程中，招标方可以将工程量清单直接载入 BIM 模型，将含有 BIM 模型的招标文件发放给拟投标单位，保证了清单和设计信息的准确性与完整性，投标单位可以根据招标文件相关条款的规定，利用招标方提供的 BIM 模型快速地核准工程量清单，从而节约复核时间，为正确制定投标策略赢得时间。

此外，在评标过程中，BIM 模型的应用减少了评标专家了解项目所需的时间，让评标专家将更多的精力放在对施工方法、施工安排及总体计划的评判上，从而对投标单位的实力做出有效评估。

由于 BIM 技术与互联网技术具有很好的融合性，方便了招投标管理部门对整个招标投标过程的管控，有利于减少或者杜绝舞弊、腐败等现象的发生，对整个建筑行业的规范化、透明化亦有极大的促进作用。

4. 施工阶段

在施工阶段，工程造价管理的主要任务是通过工程付款控制、工程变更费用控制、预防并处理好费用索赔、挖掘节约工程造价的潜力等来控制实际发生的费用不超过计划投资额。BIM3D 模型加上成本、时间就可以变成 BIM5D 模型，BIM5D 模型集建设项目的进度、成本、资源、管理、物理性能等信息为一体，能为项目提供更准确的数据信息，各参与方都可以利用 BIM 模型获取当下的造价信息，实时掌握施工信息并做出适当调整，更好地控制工程造价。

建设单位利用 BIM5D 模型能对资金计划、进度计划进行合理安排，及时审核工程进度款的支付情况；通过在 4D 虚拟施工模型中，将工程实际进度与模型计划进度进行对比，可以进行进度偏差分析和进度预警；通过实时查看计划任务和实际任务的完成情况，进行对比分析、调整和控制，项目各参与方能够采取适当的措施。施工单位利用 BIM5D 模型可以根据进度变化实施成本追踪和审查，快速形成项目成本计划，高效、准确地进行成本预测、控制、核算、分析等，有效提高成本管控能力。

5. 生产运维阶段

在项目完成后，需要移交到业主方进行使用，利用 BIM 技术进行数字化移交，将包含工程可研、设计、发承包、实施、设备、材料、试运行、竣工验收等全生命周期各环节、各参与方的相关信息的 BIM 模型与运行维护系统结合后，协助业主方开展项目的运营管理，使项目在全生命周期中得到有效管理和合理利用，提升项目寿命。利用 BIM 技术模拟项目的运营状态、运营周期、运营环境，同时利用 BIM 整合建筑物空间信息和设备参数信息，为业主获取完整的建筑物全局信息提供途径。通过 BIM 信息集成，可以为后续的物业管理带来便利，并且可以在未来进行的翻新、改造、扩建过程中为业主及项目团队提供有效的历史信息。此外，BIM 技术具有一定的空间定位功能和数据记录能力。BIM 模型结合运营维护管理系统可以充分发挥空间定位和数据记录的优势，既有利于选择合适的材料、适宜的管理方案，又可以对项目进行预防性的维护工作，事半功倍地制定更加高效的维护计划，以降低建筑物在使用过程中出现突发状况的概率。对一些重要设备还可以跟踪维护工作的历史记录，以便对设备的适用状态提前做出判断。

四、BIM 与项目目标管理

1. 进度

基于 BIM 的工程项目的施工进度管理应以业主对进度的要求为目标，基于设计单位提供的模型，将业主及相关利益主体的需求信息集成于 BIM 模型成果中，施工总包单位以此为基础进行工程分解、进度计划编制、实际进度跟踪记录、进度分析及纠偏工作。BIM 为工程项目施工进度管理提供了一个直观的信息共享和业务协作平台，在进度计划编制过程中打破各参建方之间的界限，使参建各方各司其职，支持相关主体系统制订进度计划，提前发现并解决施工过程中可能出现的问题，从而使工程项目施工进度管理达到最优，更好地指导具体施工过程，确保工程高质量、准时完工。

2. 质量

应用 BIM 技术结合项目管理模式，可以通过对隐蔽工程进行实时或定时监控，实现现场质量可视化；利用 BIM 管理平台建立的质量检查标准及验收规范，自动生成质量检查记录并智能推送质量检查信息；利用 BIM 技术，检测物的风险状况和人的风险行为，对质量数据进行分析和反馈，杜绝质量风险隐患。

3. 成本

在全过程造价管理模式中，是以设计阶段的设计概算作为控制工程造价的最高限额，后期的施工图预算和竣工结算均不得突破设计概算。全过程造价管理模式以决策和设计阶段为核心，其中设计阶段对造价控制尤为重要，影响程度可以达到 75% ～ 95%，其工程量计算工作一般占据整个预算工作的 50% ～ 70%。

采用 BIM 技术，对建筑结构进行完整的空间建模，不但能提升设计效率，还能提供后期招投标和施工阶段需要的模型信息。利用 BIM 模型可以提供设计阶段和施工阶段快速、准确的工程量计算，实时有效地支撑变更管理，有效地提高结算效率，有效地形成数据积累，并能辅助编制经济技术指标。据华东勘测设计研究院统计，利用 BIM 模型，实现三维设计、二维出图，可有效提升 30 倍工作效率。

4. 安全

通过 BIM 技术，可对施工全过程进行实时监控和安全作业可视化管理，实现安全信息采集及危险源智能辨识，定期进行安全演练和安全模拟，在一定程度上消除安全风险。

第四节　BIM 与大数据思维

BIM 技术的不断发展，使工程项目信息协同管理、全生命周期三维可视化管理、提高工程管理效率、实现全参与方在各个阶段的项目全目标管理成了可能。同时，在大数据技术飞速发展的时代，工程项目全生命周期数据信息的采集、积累、共享、传递等都变为现实，有利于解决工程领域存在的信息孤岛问题。

将 BIM 理念与大数据技术相结合，开展三维信息模型表达、创建和应用工作，以 BIM 模型作为信息传递的载体，将 BIM 模型应用于工程项目安全、质量、技术、物资、档案、环境管理等 N 维应用场景中，从工程项目全生命周期时间生态链和造价、成本、收益的效益生态链中实现数据信息集成、交互和协同管理，形成基于 Data-BIM 的 "3+2+N" 理念，让大数据赋予工程项目管理无限拓展的可能。

一、BIM 与工程数字档案馆

通过建立电子文档库（数据库），实现文档信息快速检索及定位，快速查阅。BIM 数据库成果必然成为档案移交的一种新形式，成为工程数字档案馆的重要组成部分。实现电子信息化的查询，既方便又快速。其数据库信息还可以按照保密程度或公开程度和建设单位、施工单位、设计单位、勘察单位、物业单位等实现共享，甚至公检法机关等政府部门也可以共享 BIM 数据库信息，实现真正意义上的信息共享。

二、BIM 与数字孪生

数字孪生指的是在建筑物建造过程中，物理世界的建筑产品与虚拟空间中的数字建筑信息模型同步生产、更新，形成完全一致的交付成果。

基于 BIM 理念与大数据思维，将实体工程建设过程中的所有要素和数据收集并以此为基础建立虚拟孪生工程，实现实体工程与虚拟工程之间全要素、全流程、全业务数据的全面集成和融合，形成基于项目的数字孪生工程、数字档案馆等数据资产，为实现多项目、企业级、集团级数据资产打下坚实基础。

三、BIM 数据处理与智能化应用

基于大数据思维的 BIM 理念，通过建立工程各参与方数据集散标准以及工程资源数据库，将工程信息统一整合进入工程大数据采集平台，通过智能识别、解析、筛选、梳理、分类、提取、编码等一系列数据处理技术，形成智能化的大数据采集分析系统；最后通过 BIM 工程信息数据资源库将经过处理的数据应用到新建工程中去。

第五节　电网工程中 BIM 应用的核心理念

在电网工程中，BIM 技术的实施以工程各参与方为中心、以工程全生命周期为框架，按照信息传递关系矩阵，建立工程全要素的信息交换标准，实现工程数字信息的全过程、全方位存储，在统一标准的基础上，鼓励相关软件企业对功能进行优化。

一、完备的信息交换标准

BIM 具有完备的标准顶层设计，各参与方依据合同并尊重实际管理模式制定数据需求及交换标准体系。标准体系共分为三个层次，分别是通用标准体系、应用标准体系和技术标准体系。其中，通用标准体系是其他标准体系的基础并具有广泛的指导意义；应用标准是针对工程建设规划、设计、施工、运维全生命周期各阶段，对输入输出信息的内容与格式、修改访问、数据管理等方面进行规定的标准；技术标准体系主要用于指导和规范 BIM 数据存储、安全等 IT 技术。高效的数据信息传递，通过信息交换标准，清晰界定工程各时期、各节点信息交互的内容及数据格式、信息的发出者与接收者，明确工程各参与方的责任与义务，实现工程各参与方有效协同及工程数据信息的高效传递。

二、协调的模型信息加载

模型信息编码的唯一性，是实现各参与方模型、信息加载协调有序的基础。通过将构件、人材机资源、各类表单模板、危险源、工程量清单等有效编码，使其能被计算机唯一识别，再通过任务流程分解及组织流程分解，明确工程工序及各级管理职责，为工程全生命周期中的模型信息协调有序加载提供技术支持。

三、独立的信息资源积累

工程信息分布式存储，各方形成自己的核心数据资源库，随着工程的进展数据不断汇集，通过交换标准将合约规定的数据与相关方交互传递，同时将其他核心数据存储于自己的数据资源库，大大提高数据的安全性和管理效率，维护各方企业的核心利益。

四、广泛的模型信息利用

计算机技术的发展为工程信息模型不断注入生命力与想象力。利用各阶段的模型信息可实现仿真模拟，如通过能耗模拟实现建筑物内各种能用系统和设备的节能设计、紧急逃生疏散模拟辅助更加合理地设置建筑出口位置及疏散宽度、信息模型中嵌套的工程算量模块可实现 4D+ 造价模拟等。

第二章 电网工程 BIM 技术应用价值分析

第一节 电网工程全生命周期 BIM 应用价值分析

一、规划阶段 BIM 应用价值分析

输变电工程规划阶段将规划整体的科学合理性作为工程建设的重点。目前，国内的输变电工程规划任务通常还是以相关专业人员手工规划为主。而输变电的规划工作原则上应该考虑到变电站使用年限内近期、中期以及远景内变电站的状况预测以及输电线路的系统安排。而在输变电工程的规划过程中，规划人员精力有限，很难协调规划过程中涉及的多个部门及专业，使得各部门、各专业很难进行有效沟通。同时，变电站的运行数据以及详细的设备参数等也没有进行信息化管理，这一系列原因使得现在很多输变电工程的规划水平不高。结合 BIM 技术与 GIS（geographic information system, 地理信息系统）技术，能够使得输变电工程规划水平得到显著提升。

（一）BIM+GIS 与规划管理

GIS 技术属于一种特定的空间信息管理系统，该技术重点是在宏观领域的应用，能够对全部或者部分地球表面的地理空间展开数据采集、存储、计算、处理、描述。对于工程项目来说，可以采集处理包括项目所处地理位置信息、周围环境相关信息、周围交通信息等空间宏观信息。借助 BIM 技术集成的项目周围地理环境信息主要包含经纬度、风向玫瑰图、场地所处位置区域、周围江河湖泊等信息，通过科学评估以上信息，对进行合理选址有很大帮助。通过评估利用 BIM 集成的建筑物外表面材质信息、空间尺寸信息等建筑物外观

信息，结合 BIM 模型可视化的特点展示建筑的长宽高以及体量大小；借助 BIM 集成建筑功能信息，进而对群体建筑各单体和周围环境空间的适宜性展开评价；通过 BIM 集成项目容积率、开发强度、总用地面积等投资测算信息，分析得到投资测算指标与相应图表，从而判断项目的规划和投资决策是否合理。

BIM 和 GIS 技术分属于两个不同行业领域，两者之间是互补的关系。依托两种技术提供电力工程设计基础数据和地理空间定位数据，完成信息模型和地理信息的结合互补，两者之间的融合将产生极大的价值。

输变电工程规划管理包括站址选择、站区总平面布置、管沟布置、建筑高度、建筑间距、出入口布置、辅助及附属建筑物、建设环境等方面的控制。合理的建筑工程规划是保证城市布局合理性和可持续化发展的重要一步，同时也是对工程项目科学合理的规划及管理、建设智慧城市与智慧电网的催化剂。

BIM 与 GIS 集成融合具有广阔的应用领域，尤其在建筑工程规划领域发挥着重要作用。例如，规划者可以在三维空间中更加直观地看到建筑物与周围环境之间的协调性、查看新建建筑物的出入口与周围交通的合理性、控制新建建筑的高度及基地标高、展开日照模拟等工作，节省了传统建筑工程规划管理过程中繁杂的公式计算时间。总之，BIM 与 GIS 的深度融合使其必将成为规划管理的一种重要信息化手段。

（二）BIM+GIS 在规划阶段的集成应用

工程项目所有信息都由 BIM 模型承载，这些信息并非在模型建立初始就有，而是在项目建设全生命周期过程中动态变化的。在输变电工程规划阶段，在 GIS 平台中导入拟建工程的 BIM 模型，在实景模型中完成对应部分替换，补充 GIS 模型中缺少的项目属性信息，如设备信息、构建属性信息等，完成对宏微观数据的整合。BIM 模型导入 GIS 平台中填补了 GIS 模型中缺少的个体信息。之后，规划者便可以结合 BIM 模型和 GIS 模型进行一系列的应用。

1. 集成环境信息

将 BIM 模型导入 GIS 平台中后，项目的相关信息和任意构件信息都可以通过 GIS 平台进行查看。基于 BIM 和 GIS 技术的工程规划管理，其信息动态变化主要体现在以下两个方面：一方面，规划阶段的 BIM 模型是只包含项目位置朝向、尺寸等项目概念信息的概念模型，模型丰富度远没达到项目建设所需的信息要求，需要在项目建设过程中不断为 BIM 模型增添相关信息；另一方面，规划阶段模型应用所产生的光照分析等数据可以附加到 BIM 模型中传递到项目下一阶段，最后用于项目的生产运维。图 2-1 是某变电站规划阶段基于 GIS 系统的 BIM 模型。

图 2-1 基于 GIS 的变电站规划阶段 BIM 模型

2. 可视域分析

在输变电工程规划管理中开展可视域分析也是不可缺少的，基于 GIS 平台可以对 BIM 模型中任何一点做其附近的可视分析。通过可视域进行监控位置的合理安排，避免出现监控盲区，实现对项目施工过程和运行阶段的全方位监控。

3. 出入口规划

开展新建建筑物出入口规划是为了保证人员、车辆进出的便捷性以及避免对周围交通情况产生不利影响，科学合理的建筑出入口设置对于城市科学规划和管理来说是不可或缺的。项目规划前期，就能够利用 GIS 平台观察分析新建建筑物周围的道路情况，并结合建筑的项目规模、使用性质、人员车辆进出率等因素确定新建建筑物的出入口。

二、设计阶段 BIM 应用价值分析

在输变电工程的设计阶段，不仅要考虑输变电工程设计的整体性、与周围环境是否协调、设计能否很好地发挥作用，同时还要考虑项目的整体造价情况，保证输变电工程在建设完成后在保证质量和安全的情况下，发挥更好的经济效益。根据资料分析，可知设计费大约占项目全部费用的 5%，然而其对工程造价的影响达到了 35% ~ 85%，因此在设计阶段选择高质量设计方案，提升设计阶段质量非常有必要。

在电力工程项目设计阶段应用 BIM 是为了使项目的设计质量和效率得到提升，进而避免后续施工过程中多次返工，保证能在施工期限内完成任务，节约项目资金。BIM 技术在输变电工程设计阶段的应用价值主要体现在以下五个方面，如图 2-2 所示。

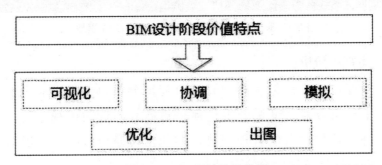

图 2-2 BIM 设计阶段价值

（1）可视化。BIM 技术的出现使得设计人员可以将专业、抽象的二维图纸进行三维可视化，帮助专业设计师和业主等非专业人员更高效明确地判断项目需求是否得到满足，使决策更为准确。

（2）协调。BIM 将不同专业之间、同专业不同成员之间、多系统间独立的设计成果，放到统一直观的三维协同设计环境中，可以有效避免因为沟通不及时等问题造成的不必要的设计错误，有效提高设计质量和效率。

（3）模拟。BIM 把原本必须在现实场景中真实的建造过程与结果，在计算机虚拟世界中预先模拟，事先发现问题，减少真正施工过程中的错误。

（4）优化。基于可视化、协调和模拟三个特点，设计方案优化成为可能，可以更好地保证现实施工过程的准确性。对于目前越来越多的复杂程度较高的建筑设计来说尤为重要。

（5）出图。工程设计方依托于 BIM 输出成果的工程施工图与统计表将最大限度地保证最终产品的准确性、创新性和高质量等特点。

BIM 技术在电网工程设计阶段主要包括碰撞检查、设计方案优化、自动算量及图纸输出、管线综合和协同设计等应用点，具体如图 2-3 所示。

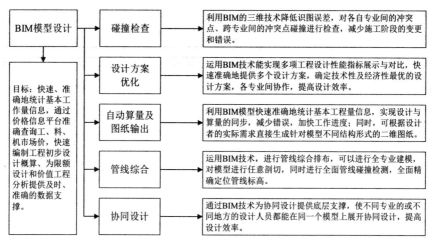

图 2-3 BIM 技术在设计阶段的应用

（一）基于 BIM 的碰撞检查

业主方以及各设计单位可以充分利用 BIM 系统内的碰撞检测功能，对设计成果中的建筑与管线之间、设备与建筑之间、设备与管线之间的情况进行检测，及时发现错误并纠正。经过设计阶段的"错、漏、碰、缺"检查整改，将大幅度减少现场返工工作量，不仅比现阶段的工作人员凭经验检测的效率更高，而且提高了准确度，为后续施工的顺利进行奠定了良好基础。

在输变电工程中，变电站的设计不仅涉及多部门、多专业，而且涉及多种精密电气设备，这些设备还要与输电线路进行连接，所以在设计变电站时不仅要考虑建筑主体的情况，还要考虑大量管线敷设的布置。BIM 技术可视化的特点，能够在检查各种设施及电缆的布置情况的同时，进行设计方案的预演，即预施工，使设计人员能清楚地看到设计的细节和工程设计每一步的结果，保证在完整地表达设计想法的同时完成设计本应具备的各种功能。

（二）基于 BIM 的设计方案优化

输变电工程的设计参与专业众多，包含主接线设计专业、电气布置设计专业、防雷设计专业、土建设计专业、配电装置设计专业等，各专业负责完成设计任务的某一部分。现阶段，在绝大多数输变电工程的设计过程中，这些不同专业的设计是流水作业，也就是说只有在前一种专业完成设计之后，后一种专业才能在前一种专业的设计上进行本专业的相关设计。这种方式不仅加大了设计工作在项目建设周期中的比重，而且降低了工作效率。这一设计流程由于 BIM 技术协同设计理念发生改变，使得不同专业间的设计工作可以并列或者交叉开展。

在初步设计阶段，由建设和设计单位初步建立 BIM 模型。首先，利用 BIM 系统中的数据库，综合以前的相似工程的特点，提出适合当前工程的设计方案，利用 BIM 模型进行初步建模，上传到 BIM 平台之后，不同专业的相关设计人员即可利用平台进行各专业的相关设计，进而实现设计方案的快速成型。此时，业主方就可以在 BIM 平台上进行设计的初步审核，如果提出设计变更，就可以直接在 BIM 平台上与设计人员进行交流提出相关要求，设计单位通过对 BIM 平台上工程项目三维模型进行调整，从而实现对设计方案的调整优化。而在输变电工程中，设计优化需要对大量的同类型工程设计阶段的数据进行处理，才能实现输变电工程设计方案可靠的设计优化。这就导致输变电工程设计阶段的各类数据的详细程度、准确程度、可靠程度以及在多方交流过程中数据流通的完整程度，对输变电工程的方案设计和后续工程进度和质量有着至关重要的作用。运用 BIM 技术能实现多项工程设计性能指标展示与对比，确定技术性及经济性最优的设计方案，促进各专业间设计协作，提高设计效率。

（三）基于 BIM 的自动算量及图纸输出

通过 BIM 软件构建参数化三维数字模型，将工程项目的物理信息与几何信息等完整地存储在模型数据库中，方便业主在投资估算和招投标等造价管理过程中提取准确的工程量。在构件设计尺寸、结构等修改优化的同时，与之相关联的工程量数据也随着改变，打破了 CAD 时代需要依靠技术人员烦琐地进行工程量计算与统计的局限，伴随着工程建设过程的推进，各部分构建的材料使用量都可以实现精准查询，对于工程假设过程中工程造价合理控制有很大帮助。

BIM 模型可以快速、准确地统计基本工程量信息，实现设计与算量的同步，自动更新并统计变更部分的工程量，减少错误，加快工作进度；再利用其中相关构件关联的造价信息数据库以及信息平台更新的市场人材机价格，进行初步设计概算的编制，使得初步设计概算能对工程资金限额提供有效参考，有助于准确预算工程造价，也为招投标阶段的招标控制价的编制提供了依据。

通过 Revit、Civil 3D、Tekla 等出图软件，针对模型不同结构形式的平、立、剖二维图纸，可以根据设计人员的实际需求直接生成。同时三维模型的参数化建模、修改等数据操作与平、立、剖二维视图中对应构件相关联，并实时更新。如图 2-4 和图 2-5 所示是某电缆桥架的 BIM 三维模型和二维输出图纸。

图 2-4　某电缆桥架三维 BIM 模型

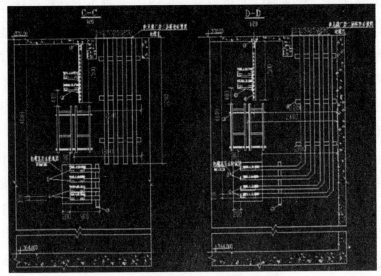

图 2-5　某电缆桥架二维输出图纸

（四）基于 BIM 的管线综合

在 CAD 时期，设计单位进行管线综合的方法是将所有图纸以硫酸图形式打印出来，各专业将图纸叠在一起进行管线综合，由于二维图纸的信息缺失以及缺乏直观的信息交流平台，导致管线综合在设计过程中很容易出问题。应用 BIM 技术完成各专业 BIM 模型构建，设计人员可以在虚拟的三维环境下进行碰撞检查发现设计方案中存在的冲突问题，进而使管线综合的设计能力和工作效率得到极大提升。这不但能及时排除项目施工环节中可能遇到的碰撞冲突，而且能够减少由此产生的设计变更，提高施工现场的生产效率，降低由于施工协调造成的成本增长和工期延误。

（五）基于 BIM 的协同设计及管理

目前，输变电工程设计项目的复杂性要求非常高，并且设计周期短、工期时间紧张，使用传统的设计方式存在各专业间信息交流不便捷、数据共享效率低、各参与方沟通困难等问题。应用 BIM 技术为设计人员提供了解决上述问题的方案。现阶段工程设计正处于从传统设计过渡到三维设计的时期，部分设计单位在一定程度上完成了设计成果从仅有二维图纸到二维图纸和三维模型共存的转变，然而协作方式仍是二维协同设计或提资配合。设计企业向三维设计转变增加了大量的工作量，面临着巨大的生产压力，倘若不能够找到一个足够完美的三维协同化设计方法，工作效率仍难以提高。因此，符合需求的 BIM 设计模式不但应包括 BIM 全信息模型的建立与应用，还应包括三维协同化设计。要想真正满足 BIM 设计的要求，就必须先完成二维协同设计到三维协同设计的转变，如图 2-6 所示是基于 BIM 的协同设计管理流程。

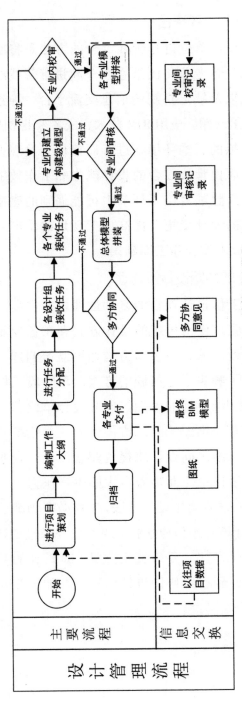

图 2-6 基于 BIM 的协同设计管理流程图

基于 BIM 的设计交底以及绘制会审，可以实现多方不同角度的图纸审核，发挥可视化模拟功能，通过 BIM 3D 和 BIM 4D（3D 模型 + 时间信息）以及 BIM 5D（3D 模型 + 时间信息 + 造价信息）施工模拟碰撞检查，从而事先发现存在的设计问题，降低错误数量，从而降低设计变更产生的返工费用和经济纠纷事件的出现率。此外，BIM 技术应用加强了工程设计各专业内和专业间的配合，加快了信息传递速度和信息传递的准确性，使得重复性劳动减少，提高了各个专业之间的协同工作效率。

三、招投标管理 BIM 应用价值分析

BIM 技术在招投标管理中的应用主要包括信息集成、工程量计算汇总、工程招标、4D 进度模拟等，如图 2-7 所示。

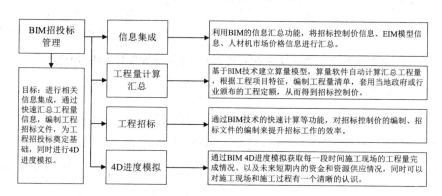

图 2-7 BIM 技术在招投标中的主要应用

（一）基于 BIM 的招投标信息集成

在发承包阶段，需要按照一定的条件筛选具备相应资质能力的承包人，并通过相关合约确定建设产品的投资、相关功能、相应规模、相关标准及完成时间等。其主要内容如下：①进一步细化建造成本；②根据设计阶段的概预算、设计图纸和技术要求等内容对招投标进行策划；③根据相关法律开展合法合规的开标、评标、定标等程序；④实施项目风险分析管理。

在招投标阶段，招标代理机构运用 BIM 技术，以三维模型为基础，集合成本与进度信息，并集成项目数据，根据达到精确算量、快速算量的目标，进行招标采购策划、合约规划等，有效地减少施工过程中的变更多、索赔多、结算超预算等问题，减少实施阶段因工程量问题引起的纠纷。图 2-8 为招投标阶段基于 BIM 技术的集成信息需求与应用匹配图。

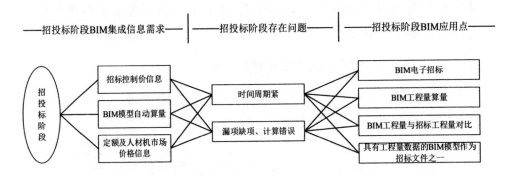

图 2-8 招投标阶段基于 BIM 技术的集成信息需求与应用匹配图

（二）基于 BIM 的工程量计算汇总

使用 BIM 技术建立算量模型后，通过算量软件可以自动计算汇总工程量，并根据工程项目特征，编制工程量清单，然后基于当地政府或行业颁布的工程定额，得到招标控制价。基于 BIM 的工程量计算不仅大大节约了技术人员的建模时间和精力，而且也提高了算量的精确性。其主要操作步骤有两点：第一，基于 BIM 技术建立算量模型，主要有两种方式，一种是根据招标文件里提供的各个专业的图纸，直接在 BIM 算量软件中建立各个专业的算量模型，如电缆、电气设备安装等工程；另一种是将已经达到符合设计标准的设计模型直接导入算量软件，得到算量模型。第二，输入工程主要参数。根据招标文件里提供的各个专业的图纸，在算量软件中输入工程的相关参数。通过这种方式得到的工程量更加符合施工过程中实际发生的工程量，具有参考意义。

（三）基于 BIM 的工程招标

工程招标阶段的主要工作是选择合理的招标方式，制定严格的招标程序与详细的评标细则，设置合理的招标控制价，择优选择出更合理的投标价和有能力的承包商。在造价管理过程中，工程实际中标价格应不高于招标控制价格，便于项目投资控制；同时，不应低于工程最低招标控制价，避免中标单位为降低工程成本而偷工减料、拖延工期；在施工招标阶段，编制合理的招标控制价，设置合理的评标方法是控制工程造价的基础。目前，招标阶段造价控制的主要措施有以下几点。

1. 招标控制价的编制

使用 BIM 技术建立算量模型后，通过算量软件可以自动计算汇总工程量，并根据工程项目特征，编制工程量清单，然后基于当地政府或行业颁布的工程定额，得到招标控制价。

2. 招标文件的编制

在发放招标文件时，招标方可将 BIM 模型连同工程量清单一同发放给拟投标单位，便于投标单位根据 BIM 模型自动提取工程量或者对量，并根据招标文件的要求、企业自身的技术及管理水平来填报单价，从而节约复核时间。此外，采用 BIM 模型还可以避免投标单位采用不平衡报价。

3. 设置合理的评标方法

常采用的评标方法是经评审的最低投标价法和综合评估法。招标过程可借助 BIM 招投标信息化管理系统进行快速合理招标，同时，BIM 5D 模型的直观性等特点可以帮助评标专家迅速了解输变电工程的信息、投标单位的具体情况，通过模拟动画了解投标单位的施工方法和施工安排是否合理，进而在短时间内评选出最优方案。

（四）基于 BIM 的 4D 进度模拟

基于 BIM 的 4D 进度模拟，可以直接地获取指定时间范围内项目的工程量完成情况、未来短期内的资金和资源供应情况。借助 BIM 4D 进度模拟，可以对施工现场和施工过程有一个清晰的认识，同时也可以对整个施工现场的技术、资源、进度进行控制与调节，达到节约资源、保证工期、保障质量的目的。在投标阶段，采用基于 BIM 的 4D 进度模拟，可以让招标方清晰地了解投标人的施工过程及施工过程的资源配置计划，有利于增加投标单位中标的概率。

四、施工阶段 BIM 应用价值分析

BIM 技术在施工阶段的应用主要包括施工方案模拟、安装模拟、施工动态管理等，如图 2-9 所示。

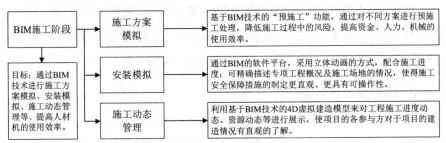

图 2-9 BIM 技术在施工阶段的应用

（一）基于 BIM 的施工方案模拟

将 BIM 技术应用于变电站建设项目的施工阶段，可以进行工程的预施工。站内设施模型具有完备的几何、物理、拓扑、生产、材料特性、电气特性、功能描述等信息表达，预施工可以形象地展示出施工方案的实现过程及实际效果，为项目建设后续施工做出指导。由于输变电工程的复杂性，施工人员在建设过程中需要注意很多细节并了解关于工程的很多信息来保证施工的质量以及自身安全。这样的预施工，可以使施工人员了解整个施工过程的施工顺序、施工

重点、施工注意事项、工程的相关信息，帮助施工人员预知施工难点和验证施工方案，并且可以发现整个施工顺序是否合理，设计阶段是否存在不符合实际的问题等，如果发现，可以及时进行调整，可以节约因施工错误造成的时间浪费和资金浪费，有利于提高工程质量。预施工的流程如图 2-10 所示。

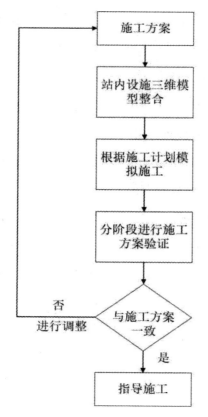

图 2-10 BIM 系统预施工流程图

基于 BIM 技术的预施工功能，能在很大程度上消除施工过程中的不确定性和不可预见性。通过对不同方案进行预施工处理，可以选择出时间最优、人员安排最优、资金使用最优的施工方案，降低施工过程中的风险，提高资金、人力、机械的使用效率。预施工的特点包括以下三点。

1. 先试后建

先试后建是基于虚拟平台建立的 3D 信息模型，根据模型模拟施工程序、设备调用、资源配置，发现不合理的施工顺序、安全隐患、作业空间不足等问题，降低施工过程中的返工率，节约成本。

2. 分析与优化

预施工可以对施工方案进行分析与优化，确保可施工性。设计者之间、设计者与施工方之间可利用三维可视模型，进行可施工性检测和多方沟通交流，解决设计冲突。

3. 优化施工管理

预施工可以清晰地展示施工过程，使各工种人员清楚地了解自己的工作内容和工作条件，起到优化施工管理的效果。

（二）基于 BIM 的安装模拟

1. 钢构件的拼装模拟

在输变电工程中，尤其是输配电线路的施工过程中，有大量的杆塔需要安装架设，而大多数杆塔都是钢结构，这就使得钢构件的拼装模拟显得尤为重要。

利用 BIM 技术实现钢构件的拼装模拟能够为钢结构的安装架设带来许多好处，其一，省去了大块预拼装场地，节约用地资本；其二，节省了预拼装临时支撑措施；其三，减少了劳动力的使用，节约了人工成本。这些优点能够直接降低人、材、机等方面的成本，以节约工期的形式回报施工单位和建设单位。

在进行钢构件的预拼装模拟时，首先要实现实物结构的虚拟化，即将真实的构件精确地转化为数字模型，这种工作依据构件的大小有多种不同的转变方法。目前，可以直接利用的设备主要包括全站仪、三坐标检测仪、激光扫描仪等。例如，使用机器人全站仪对某工程选定的部位进行完整的空间点云数据采集，快速构建三维可视化模型，然后与 BIM 模型进行对比，在模型中显示实体偏差，输出实际测量数据，确保数据真实客观，并将精准的数据反馈到现场工地，提高工作效率和精度。

在采集数据后需要分析实物产品模型与设计模型之间的差距。由于检测坐标值和设计坐标值的参照坐标系互不相同，因此，为便于分析比较，需要将两套坐标值转化到同一坐标系下。通过空间解析几何及线性代数的相关理论方法，可以将检测坐标值转化到设计坐标值的参照坐标系下，使得转化后的检测坐标与设计坐标尽可能接近，即使得节点的理论模型和实物的数字模型尽可能重合，便于后续进行数据比较。然后，分别对每个控制点进行计算，判断其是否在规定的偏差范围内，并在三维模型中逐个体现，进行修正，逐步用实物产品模型代替原有设计模型，形成实物模型组合。这样，模型中的不协调和问题全部可以体现出来，替代了原有的预拼装工作。

2. 电气设备工程的虚拟安装

在输变电工程中，电气设备安装是很重要的一部分。在电气工程项目中利用 BIM 技术对整个施工电气设备进行安装模拟，方便现场管理人员及时对重要部分的施工节点进行预演，并有效控制进度，实现施工进度模拟优化。此外，利用三维动画对计划方案进行模拟拼装，更容易让人理解整个进度计划流程。对于整个流程进行不断优化，直至进度计划方案合理可行。

在电气设备安装过程中，通过 BIM 平台，采用立体动画的方式，可以配合施工进度并精确描述专项工程概况及施工场地的情况。

（三）基于 BIM 的施工动态管理

1. 施工进度动态管理

（1）施工进度动态展示

在进行基于 BIM 技术的施工进度动态管理时，可利用基于 BIM 技

术的 4D 虚拟建造模型来进行工程施工进度动态展示，使项目的各参
与方对于项目的建造情况有直观的了解。同时，当施工项目发生工
程变更或业主指令导致进度计划必须发生改变时，施工项目管理者
可依据改变情况对进度、资源等信息做相应的调整，并在 BIM 模型
中进行相应的修改调整，不断优化项目建造过程。

（2）工程施工进度监控

基于 BIM 技术的工程施工能够利用 4D 虚拟建造模型进行施工进
度的监控。在 4D 虚拟施工模型中，将工程实际进度与模型计划进度
进行对比，可以进行进度偏差分析和进度预警；通过实时查看计划
任务和实际任务的完成情况，进行对比分析、调整和控制，项目各
参与方能够采取适当的措施。同时，项目管理者可以通过软件单独
计算得到项目滞后范围及其工程量，然后针对滞后的工程部分，组
织劳动力、材料、机械设备等，进行进度调整。

2. 施工资源动态管理

施工过程总是伴随着资源的消耗。在基于 BIM 技术的虚拟系统中，
通过向 BIM 模型中添加资源建立资源分配模型。随着虚拟建造过程
的进行，虚拟建筑资源被分配到具体的模型任务中，确保各项任务
都能够分配到可靠的资源，从而保障施工过程的顺利进行，实现对
建筑资源消耗过程的模拟。

项目管理者依据基于 BIM 技术的 4D 虚拟模型生成施工过程中动
态的资源需求量及消耗量报告，调整项目资源供应和分配计划，避
免出现资源超额分配、资源使用出现高峰与低谷时期等现象。同时，
根据资源分配情况，项目管理人员可以为项目中的构件添加超链接，
并根据实际进度，由构件中的超链接了解项目构件所需要的资源信
息，做出合理的资源供应和分配，以便及时为下一步的工作做好准
备工作，避免因工程材料供应不及时或者准备工作不及时而耽误正

常施工，造成工期拖延。

3. 施工场地动态管理

在基于 BIM 技术的系统中进行 3D 施工场地布置时，赋予各施工设施 4D 属性信息。当点取任何设施时，可查询或修改其名称、类型、型号和计划存在时间等施工属性信息，将场地布置与施工进度相对应，实现施工动态现场管理。此外，基于 BIM 技术的施工布置方案，可以结合施工现场的实际情况，并依据施工进度计划和各专业施工工序逻辑关系，合理规划物料的进场时间和顺序、堆放空间，并规划出清晰的取料路径，有针对性地布置临水、临电位置，保证施工各阶段现场的有序性，提高施工效率。

五、竣工阶段 BIM 应用价值分析

竣工阶段是检验建设项目成果的阶段，主要有以下要点：①根据决策阶段及招标阶段所设定的投资、规模、功能、技术标准、绿色建筑方案等目标对建筑产品成品进行检验；②对建设项目的建造成本控制进行收尾工作；③对建设项目进行保修期管理；④进行竣工结算编制或审核、竣工决算编制或审核；⑤移交程序合法合规。

现阶段，输变电工程竣工阶段存在的问题主要是：①验收人员往往不能对项目从整体质量上进行把关，而只是倾向于对局部进行细致的检查验收，不能充分考虑到使用功能；②验收人员与生产运维管理单位缺乏沟通，造成后期检修的问题较多；③造价人员在进行竣工结算时，由于市场信息及价格变化快速，可能导致资料真实性、完整性审核出现问题。

BIM 技术在施工阶段的应用主要包括施工方案模拟、安装模拟、施工动态管理等，如图 2-11 所示。

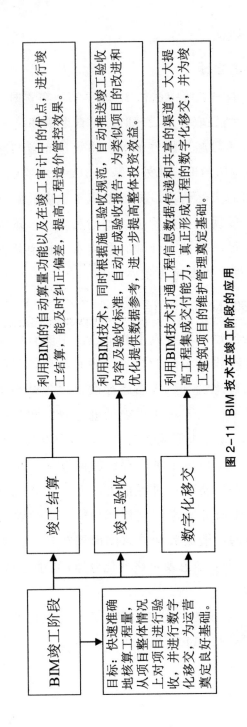

图 2-11 BIM 技术在竣工阶段的应用

（一）基于 BIM 的竣工结算

1. 自动算量

BIM 系统的自动算量功能便于竣工结算工作的开展，自动实时计量计价功能可提升竣工结算工作的准确度与效率，并可实时五算对比，及时纠偏，有力加强工程造价管控效果。

在对工程量进行审核时，依据 BIM 的自动算量功能，可以直接运用招标进程中的三维模型，对原规划图改动的部分进行修正，并且基于 BIM 体系完成由于尺寸改动而带来的工程量改动的核算。在实际的工程量核对过程中，参与验收的双方可以将各自的 BIM 模型置于对量软件中，更加便利精确地找出两边结算工程量的差异，进一步提升工程量的核对效率。此外，还可运用 BIM 云端，及时更新政府部门发布的与建筑竣工结算相关的最新政策法规，并依据模型所具有的工程特色，主动提取所对应的费用规范，确保竣工结算中费用审核的精确性。

2. 竣工结算审计

在竣工结算审计中运用 BIM 具有诸多优点。一是便利。BIM 是整个工程的数据储存和处理中心，包含了输变电工程从前期规划到竣工结算各个阶段的信息，避免了纸质材料不便于储存、体积大、容易丢失等现象，也减少了因人员变动带来的数据改变，大大减少了数据处理和储存的作业量。二是高效、精确。在传统模式下，进行输变电工程竣工结算审计时，需要根据众多单位供给的竣工图纸逐一核算，效率低、费时多、数据修正不便利、工程量核对时间长，而在 BIM 技术下，只需对送审的竣工结算 BIM 算量模型进行检查，核对工程量即可，无须重新建模核算，减少了由此带来的差错和数据改动，能进一步提高竣工结算的效率和质量。三是工程数据保存便利。一般输变电工程竣工结算核算完结后，大部分工程图纸等相关资料需要由相关单位归档保存，当再碰到相似的工程竣工结算审计项目时，这些资料便不能再作为参考。而运用 BIM 模型能够在审计时对相关的数据进行剖析和抽取，构成电子文件进行保存，对同类工程的建设有一定的参考价值。

3. 数据的保存

相比于传统方法，BIM 模型对于工程资料的保存和整理剖析有着巨大的优势，最突出的优势之一便是信息储存完整，如规划信息、施工信息、成本信息等都会被包含在 BIM 模型中，并且 BIM 模型能够对数据进行剖析，确保所得到信息的安全性、有效性和完好性。此外，BIM 模型会对改动的数据和材料做出具体的记录，并可将核定单等原始材料进行电子化储存，作业人员只需要凭借 BIM 体系即可完成对工程项目改动内容的全程把握，减少了因为人员活动性大、施工周期长、材料价格起浮大等因素导致的工程资料不完整、不精确的问题。

BIM 所保存的数据的可靠性、科学性、完整性，便于工程后评价工作的开展。基于 BIM 技术在工程各阶段的应用，最终形成完整的竣工信息模型，从而完成工程全生命周期的信息建立，保证工程信息的延续性与完整性，为工程后评价工作打造坚实的数据基础。

（二）基于 BIM 的竣工验收

1. 根据施工验收规范，自动推送竣工验收内容及验收标准

通过建立工程质量及验收标准规范库，可以按照验收流程逐步生成验收工作清单、日志、追踪、文件，每日更新竣工验收资讯并派发至应用终端，实现验收竣工现场各参与方、各层级实时沟通，协助验收工作开展。

一般验收工作的开展一方面是依据有关设计文件对 BIM 模型进行检查，并通过 BIM 模型进行实物校对；另一方面是考虑到资料的

全参与方对工程资料需求的差异性和共性，按照地方输变电工程资料的划分依据进行梳理，实现数字归档。

2. 自动生成验收报告

BIM 模型将针对施工结束后需要维护的项目以及具体参数进行分析，形成竣工模型，将 BIM 模型、工程实际与施工竣工验收文件连接，在模型中联合资料与设施设备，根据管理规定及流程设置验收报告模板，并自动提取信息及生成报告。

BIM 技术在前期各阶段得到了充分应用，具备完备的工程量信息、造价信息，故在竣工验收阶段信息的完整性、准确性和可靠性已达到标准，为竣工决算提高了效率和精准度，避免了建设单位与施工单位之间的"扯皮"现象，有效节约竣工验收成本。此外，可以利用已有数据对工程项目进行多维度的统计、分析和对比，研究其投资效益情况，为后面建设类似输变电工程项目的全生命周期管理的改进和优化提供数据参考，进一步提高整体投资效益。

（三）基于 BIM 的数字化投产移交过程

1. 试运行

结合 BIM 模型中各构件完整的信息，可以模拟工程试运行及测试，并协助工程竣工验收现场检查及试运行，实时调取各设备设施属性及建设过程信息，实时发现问题及制订修正计划，加快验收工作进度，保障工程投产移交工作的效率效果。

2. 数字化移交

BIM 模型各构件信息完整地包含了工程可研、设计、发承包、实施、设备、材料、试运行、竣工验收等全生命周期各环节各参与方的相关信息，能在其中进行三维可视化、图纸、报表等多种格式的工程数据信息展示，打通了工程信息数据传递和共享的渠道，大大提高了工程集成交付能力，真正形成了工程的数字化移交，并为竣工建筑项目的维护管理奠定基础。

（1）数字化移交的概念。从输变电工程设计阶段开始，对有关信息进行跟踪控制，将从设计阶段开始的设计数据、基建阶段的建设数据以及运行阶段的维护和实时数据完全地、科学地进行整合，并存储在三维数字化设计与移交平台的工程数据库中，平台从工程数据库中提取完整的信息，根据业主指定的移交对象的系统要求，定制数据通道（接口），由此实现数字化移交。

（2）数字化移交的对象。数字化移交内容是工程文件和模型，包括项目各参与方为保证项目设计、采购、建造、安装、调试等阶段顺利实施，创建和维护的典型阶段版本及最终版本。

（3）数字化移交方式。数字化移交方式主要有以下几种：①设计方使用已约定好的信息系统，使其承载整个项目的信息，并按照约定的要求将整个系统连同全部信息移交给业主运行；②设计方使用自己的系统积累信息，并迁移到业主或运行方准备的系统上，在工程项目结束时移交这个系统；③设计方使用自己的系统积累信息，并按照要求的信息格式将信息移交给业主或运行方，加载到已运行的系统上。

（4）数字化移交的部分内容。电气设备布置、布置图、设备属性表等。

（5）数字化移交成果展示。使用数字化移交方式，便于成果展示，使业主能从多维度、多侧面、多数据综合程度查看数据信息。数字化移交具有如下优势：随时自动提取任意范围内的设备、材料详表和汇总表数据信息，为设备材料分批订货、施工备料管理提供依据和手段；进行施工进度模拟，实现工程进度和计划的可视化管理；模拟重要施工工序，优化施工方案；实现对工程造价的适时动态跟踪控制，实现实际意义的工程造价跟踪控制；实现多工程的数据库管理，利用远程浏览软件和国际互联网向不同用户发布需要的信息。

（6）形成数字档案馆。作为以电子文件、档案及其他信息资源等非结构化数据为主要管理对象的数据中心，数字档案馆是一个集内容管理系统、集成系统和数字信息长期保存系统等功能为一体的集合，同时具有有序处理和集成管理的功能。其有序处理和管理过程从全程管理和最优化管理的层面来对待各种档案信息资源要素，提高各种管理要素的交融度，以利于优化和增强档案信息资源的真实性、完整性、有效性和有序性，使得各参与方都能通过数字档案馆获取所需数据，包括收集、创建、确认、转换、存档、管理、发布利用等涵盖文件全生命周期管理实践的全过程。

六、生产运维阶段 BIM 应用价值分析

运行和维护阶段是输变电工程全生命周期中持续时间最长、成本最高的一个阶段，也是输变电工程建设在经历规划、设计、施工阶段后信息积累最多的时期，这些信息将为输变电工程以后所有的运行、维护和管理工作提供数据支持。现阶段，在工程建设中对生产运维阶段的管理并不重视，导致项目在运行期间的信息、情况得不到有效处理和控制，有可能缩短项目的寿命。在项目中运用 BIM 技术，最明显的优点就是可以保证信息的完整性和准确性，而信息的完整和准确是生产运维阶段进行项目管理的基础。

（一）变电站的空间管理

输变电工程内的几乎全部信息都包含在 BIM 系统中，不仅包括变电站内有形的设备和建筑，还包括设备的各种详细信息，将设备的信息参数化、模型信息数字化，这为输变电工程的管理提供了新思路。

在变电站的空间管理的问题上，首先，BIM 技术解决了输变电工程中信息管理方面图纸复杂难懂、容易丢失的问题，能够将有关

工程的信息完整地保存下来并为之后的工程建设提供参考；其次，BIM 模型与建成的输变电工程在理论上完全一致，二者的设备位置、构件的空间位置、线路位置、设备信息以及他们的空间相对位置都保持一致；最后，BIM 数据库或者 BIM 数据仓库中储存着关于电气设备及线路的有关参数信息。总而言之，BIM 技术为工程创建了一个信息量丰富、功能强大的数据中心。之所以说其功能强大，是因为 BIM 系统及 BIM 协同平台能够把原本相互孤立的各种信息有机整合起来，以构件或设备为连接点，通过在模型中点选构件的方式将与之相关的信息，甚至是预测和分析都展示出来，为数据分析、数据对比、数据查询等提供了方便，真正实现了数据集成。

在应用 BIM 系统的前提下，关于变电站空间管理的问题，就不仅局限于记录变电站当前的建筑信息、设备信息、线路信息以及运行、维护、管理过程中的状态变化，还可以通过 BIM 协同平台建立起包含三维信息和时间信息的四维逻辑模型，借助 BIM 协同平台的记录、检测、分析、管理等功能，对各类数据进行集成，延长变电站的使用年限。

（二）生产运维和检修

由于输变电工程涉及种类繁多、信息复杂的电气设备，其中包括很多难以及时更新的设备状态信息，导致生产运维管理人员很难发现潜在的问题。在运营阶段运用 BIM 技术具有以下几方面的优势。

（1）完整的建筑、结构及电气设备的几何信息、属性信息有助于生产运维方快速了解电力工程项目中各种建筑物的几何尺寸、结构性能、空间布局等信息，熟悉设备布置及参数、设施规模尺寸、运行计划和性能信息。环境信息有助于生产运维方了解系统及设备所处的内外部环境，并就环境因素对系统及设备的维护工作产生的影响进行判断和分析。在电力工程项目调试、维护和故障检修时，通过直接导入生产运维信息与模型进行匹配，运用三维 BIM 模型可以确定机电、暖通、给排水和强弱电等建筑设备在建筑物中的位置，直观显示设备通路，完成系统及设备构件的快速定位，对运维过程的环境、流程及方法进行真实模拟，从而实现虚拟运维、空间管理、设备资产管理等功能。

（2）建筑、结构及设备的几何信息、属性信息以及生产运营信息（气象记录、水文记录、运行报告、运行日志、交接班记录等）有助于运维方快速掌握并熟悉电力工程项目中各种系统及设备数据、管道及电缆走向等资料，快速查询分析系统及设备故障位置以及停用设备的影响范围，及时维护运行的系统及设备。基于 BIM 模型的设备维修工作流程如图 2-12 所示。

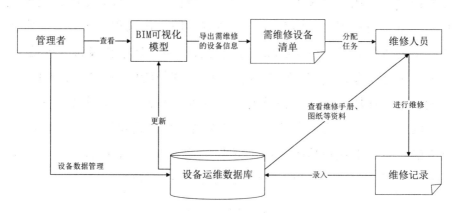

图 2-12 设备维修工作流程图

（3）对电力工程信息库数据信息的提取、分析和判断，可以帮助运维方基于 BIM 模型的演示功能进行紧急事件预演，制定应急处理预案。同时，还可以培训生产运维管理人员在紧急情况下如何正确高效地进行处理。

第二节 电力工程参与主体 BIM 应用价值分析

在项目实施过程中，各利益相关方既是项目管理的主体，同时也是 BIM 技术的应用主体。由于在项目管理过程中的责任、权利、职责的不同，不同的利益相关方针对同一个项目的 BIM 技术应用的关注点和职责也不尽相同。不同的关注点就意味着对于不同的实施主体，会有不同的应用价值。

一、建设方 BIM 应用价值分析

对于建设方来说，BIM 可以结合电力工程项目规划标准及类似项目的相关数据信息，主要实现可视化方案比选、三维测量、初步成本估算、工期预见、基地现况建模、建筑策划、环境评估分析等功能。在这个过程中，规划投资决策的数据信息通过各种模型接口进入电力工程信息库，包括决策方案比选的相关数据信息（规划走廊、选址及布局、总平面布置、功能分区、与周围环境的协调程度等）、三维测量的相关数据信息（规划走廊数字化地面信息、数字化线路方案设定、电力线路选线方案、空间距离、占地面积、建筑物间距等）、成本信息、工期信息、环境信息等。另外通过 BIM 管理平台，可以实现各参与方的协同管理和竣工信息集成。总之，BIM 技术可以为建设方提供大量的、直观的、可靠的决策依据，达到降低建设方成本、管控建设方风险的目的。如图 2-13 所示为 BIM 对于建设方的应用价值。

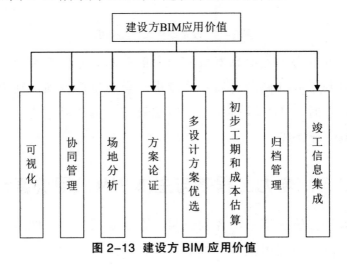

图 2-13 建设方 BIM 应用价值

1. 场地分析

场地分析是确定建筑物的空间方位和外观、建立建筑物与周围景观的联系的过程。在规划阶段，场地的地貌、植被、气候条件都是影响设计决策的重要因素，往往需要通过场地分析来对景观规划、环境现状、施工配套及建成后交通流量等各种影响因素进行评价及分析。传统的场地分析存在许多弊端，如定量分析不足、主观因素过重、无法处理大量数据信息等，通过 BIM 结合地理信息系统（GIS），对场地及拟建的建筑物空间数据进行建模，可以迅速得出令人信服的分析结果，帮助新建项目在规划阶段评估场地的使用条件和特点，做出理想的场地规划、交通流线组织关系、建筑布局等关键决策。

2. 方案论证

在方案论证阶段，项目建设方可以使用 BIM 来评估设计方案的布局、视野、照明、安全、人体工程学、声学、纹理、色彩及规范的遵守情况，还可以借助 BIM 提供方便的、低成本的不同解决方案，通过数据对比和模拟分析，找出不同解决方案的优缺点供项目投资方进行选择，帮助项目投资方迅速评估项目投资方案的成本和时间。

3. 可视化

在 BIM 平台下，通过可视化的三维模型，建设方更容易与设计方进行交流，项目各方关注的焦点问题也比较容易得到直观展现并迅速达成共识，减少日后不必要的工程变更，相应的决策时间也会比以往减少。

4. 多设计方案优选

BIM 三维模型展示的设计效果非常方便评审人员、业主对方案进行评估和优选，甚至可以就当前设计方案讨论施工可行性以及如何削减成本、缩短工期等问题，为方案修改提供切实可行的办法。通过 BIM 数据库的模型信息及必要的关联信息，能够配合设计方案、技术经济综合评价模型进行技术经济性分析，实现多方案比选，并达到最优配置。例如，可实现电缆的自动排缆及统计，根据电缆起点坐标、终点坐标，自动实现寻找电缆沟和桥架的合理路径，并实现电缆敷设及长度统计、查询等功能。

总之，通过 BIM 模型可以实现设计方案的优化，模拟实现多项工程设计性能指标展示与对比，快速准确地提供多个设计方案，包括技术和造价方案等，便于确定技术性及经济性最佳的设计方案。

5. 初步成本和工期估算

工程项目的成本大小对于项目实施的可能性具有决定性的作用。一个完美而实用的工程设计方案，如果其造价远远超过业主的预算安排，项目也难以开展实施。传统设计在设计师完成方案后，需要造价工程师对项目成本进行估算，因而无法避免时间的浪费和造价的不准确性。只要建模完成，BIM 通过应用程序接口，就可以直接计算出电力工程项目的初步成本，其建筑构件的信息清晰完整，最大限度地保证了准确性，为方案的选择提供了有力的依据。在前期决策阶段，工期定额的模糊性无法相对准确地表达，人们往往通过经验估算。BIM 则可以通过虚拟施工技术比较准确地估算出工期，成为决策的重要依据。

6. 竣工信息集成

在项目完成后的移交环节，建设方需要得到的不只是常规的设计图纸、竣工图纸，还需要能正确反映真实的设备状态、材料安装使用情况等与运营维护相关的文档和资料。BIM 能将项目的空间信息和设备参数信息有机地整合起来，为业主获取完整的建筑物全局信息提供途径，通过与施工过程记录信息的关联，能够实现包括隐蔽工程资料在内的竣工信息集成，不仅为后续的物业管理带来便利，而且可以在未来进行的翻新、改造、扩建过程中为业主及项目团队提供有效的历史信息。

7. 协同管理

在工程项目建设过程中涉及业主方、设计方、咨询方、施工总承包商、分包商、监理方、运营方、供应商、政府部门、金融机构、保险公司等众多参与单位，团队数量庞大、团队内部成员较多、关系复杂。不同参与方在建设项目全过程中的职责和作用不同，因此需要和产生的信息也不同。基于 BIM 技术信息管理平台，各参与方可以进行信息交流，实现项目各个阶段、不同专业、不同参与方、不同要素之间的信息集成与共享。基于 BIM 平台，各参与方可以准确把握工程项目信息，方便地协调项目方案，论证项目的可造性，及时排除风险隐患，减少由此产生的变更，从而缩短施工时间，减少由于设计不协调问题造成的业主成本增加。

8. 归档管理

BIM 技术可以实现设计、招投标、施工过程中数据实时归档，便于过程信息查找与回溯使用；实现全过程数据的统计与沉淀，满足档案验收规范要求，为生产运维阶段提供完整的数据信息。

（1）实现电子与纸质文档标准化归档。平台预设档案管理要求，在工程各阶段实时自动推送归档内容和相关要求，实现档案归档工作标准化。

（2）实现档案自动归档。在工程实施过程中对模型信息、属性信息、管理信息等工程过程信息资料进行分类，形成分类规范，并按照分类原则自动归档。

（3）档案信息快速查阅。通过建立电子文档库（数据库），实现文档信息快速检索及定位，快速查阅。

（4）档案数字化移交。竣工阶段，档案信息按照移交标准自动分类整理，实现真正的数字化档案移交。

（5）规避归档风险。BIM平台的结构化数据库可以将重要资料关联到进度，到达相应节点时，资料如未及时归档，则向档案管理人员发出通知，避免重要资料的遗漏，确保资料的翔实及完备性。

二、设计方BIM应用价值分析

在传统二维设计方式下，绘图是设计人员的核心工作之一。从某种意义上说，设计单位最终交付的产品就是二维图纸。随着变电站工程的日益复杂和电网建设智能化的要求，二维设计方式已逐渐不能胜任未来变电站建设的设计工作。BIM技术的应用打破了变电站传统的设计工作模式，设计人员不再通过二维图纸上的简单线条来表达自己的设计意图，而是在软件平台中通过协同工作建立整个变电站的三维数字化模型，以解决传统设计方式下信息割裂的问题。BIM技术给电力设计单位带来的不仅仅是工作方式的转变，更多的是设计人员工作的效率和质量的提升、设计单位竞争力的提升。设计方BIM应用价值如图2-14所示。

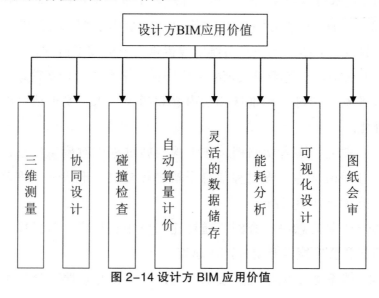

图 2-14 设计方 BIM 应用价值

1. 三维测量

通过 BIM 模型结合全球定位技术（GPS）、地理信息系统（GIS）、数字摄影测量系统（DPS）、地质遥感技术（RS）等测量技术，可以实现对项目的全方位测量，包括电力控制测量、电力测设、规划走廊数字化地面信息、数字化线路方案设定、电力线路选线、勘测等功能，完成空间距离、地块面积、占地面积、建筑物间距测量以及土方的挖填计算等工作，确定被测物的三维坐标测量数据，从而为这些距离、面积、挖方、填方的设计提供合理可靠的理论依据。

2. 灵活的数据储存

BIM 模型需要占有大量的空间，在企业服务器上运行往往很笨重。而利用云端储存工程资料将为设计单位节省大量的空间，这使得公司服务器能继续流畅、快速地运行。设计单位只需要按照云端存储空间大小进行付费，不需要投入大量成本购买大空间的本地服务器，降低数据存储成本。

3. 可视化设计

BIM 模型使得整个设计过程变得可视化。通过 BIM 技术所建立的单个 3D 构件元素在软件中是数据关联、智能互动的，设计过程就是不断确定和修改各种构件元素参数的过程。基于 BIM 技术，设计工程师可以更精确、更细致、更具表现力地完成在虚拟空间内的建造过程，提高设计效率和品质。可视化的结果不仅可以用于效果图的展示及报表的生成，更重要的是，项目设计、建造、运营过程中的沟通、讨论、决策都可在可视化的状态下进行。另外，由于最终交付的设计成果是 BIM 模型，因而所有平、立、剖二维图纸都可以根据模型随意生成，且由于图纸来源于同一个 BIM 模型，所以所有图纸和图表数据都是互相关联的，也是实时互动的，从根本上避免了不同视图、不同专业图纸出现的不一致现象。可以说，三维可视化设计软件有力地弥补了业主因缺乏对传统建筑图纸的理解能力而造成的和设计单位之间的交流鸿沟。

4. 协同设计

以往各专业各视角之间不协调的事情时有发生，即使花费了大量人力、物力对图纸进行审查仍然不能修正全部不协调问题。有些问、题到了施工过程才能发现，提升了材料成本和工期成本，造成了很大的损失。

BIM技术为协同设计提供底层支撑，大幅提升了协同设计的技术含量，使协同已不再是简单的文件参照。不同专业的，甚至是身处异地的设计人员都能够通过网络在同一个BIM模型上展开协同设计，各专业之间沟通顺畅，信息一致，使设计能够协调进行，大幅提高设计效率。应用BIM技术及服务器，通过协同设计和可视化分析就可以及时解决上述设计中的不协调问题，保证后期施工的顺利进行。跨专业协同与共享云计算使设计团队成员的协同工作能力得以空前提升，这使得设计出来的模型或者变更后的模型可以在团队其他成员的电脑上通过网络链接进行访问，而不需要重新发布、重新共享模型。团队会议过程中对模型做出的修改会在会议结束后立即出现在每个团队成员的电脑上，提升了设计单位协作的效率。

5. 碰撞检查

在传统电力工程项目设计模式下，包括建筑、结构、暖通、机械、电气、通信、消防等各专业设计之间的矛盾冲突极易出现且难以解决。而通过应用专用建模软件，建立模型族库及电力工程项目三维模型，基于BIM三维技术，对各自专业间的冲突点、跨专业的冲突点以及空间与构件之间的距离不足等问题进行空间协调、消除碰撞冲突，不仅可以降低识图误差，还可以减少设计错误及漏洞，极大地缩短设计时间。此外，在项目实施之前提前发现设计碰撞问题，进行设计优化，还可以减少在施工阶段可能存在的错误和返工，加快施工过程的进度。

6. 自动算量计价

BIM 模型的每个构件都和 BIM 数据库的成本库相关联，当设计师在对构件进行变更时，成本估算都会实时更新。利用现有算量计价规则，嵌入 BIM 数据库中，建立 BIM 计量计价概预算规则及标准库，通过模型参数化的特点，算量实时关联工程模型数据库，可以准确、快速地计算并提取工程量，自动实时计算并分析出工程概、预算和经济指标，设计完成或修改，算量随之完成或修改，提高了工程算量的精度和效率。

7. 图纸会审

在 BIM 模型创建过程中，BIM 工程师对图纸进行仔细审查并进行问题整理，形成图纸问题审查报告，针对报告中的主要问题，通过 BIM 三维模型直观地进行展示，使问题暴露更加彻底。相比于传统的图纸会审，各工程构件之间的空间关系一目了然，效率及质量也都有极大的提升。

8. 能耗分析

在 BIM 模型中，构件模拟并不只是一个虚拟的几何视觉构件，还有除几何形状以外的一些非几何属性，如材料的耐火等级、材料的传热系数、构件的造价、采购信息、重量、受力状况等。通过 BIM 技术建立起基于工程节能方面的模型，可以帮助设计单位更好地分析能源损耗点及进行相应的调整，例如，节能分析、日照分析、通风分析、碳排放分析等，可以提高建筑设计的效能。

三、施工方 BIM 应用价值分析

BIM 技术对于施工单位来说有多方面的应用，如虚拟施工、三维技术交底、物料追踪和智能化的安全管理等。BIM技术的应用实现了专业化、标准化、数字化、信息化管理，改变了施工企业传统的管理模式，提升了施工企业的效率。BIM技术对于施工方的应用价值如图2-15所示。

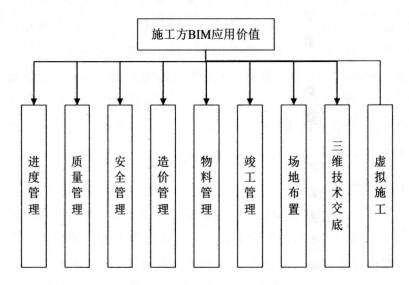

图2-15 施工方BIM应用价值

1. 虚拟施工

BIM 5D模型可以直观、精确地反映整个建筑的施工过程，施工单位可以利用BIM 5D进行施工进度模拟和施工组织模拟。基于BIM技术，可将三维模型和场地布置模型整合，进行施工环境的仿真模拟，如施工现场布置、场地周边环境及噪声污染等。在施工开展前，预先在BIM模型中进行施工组织设计分析，可以通过可视化虚拟施工突破施工中的重难点问题，还可以根据时间顺序和工序间的前后衔接关系通过施工过程模拟进一步优化施工方案。

施工组织设计是用来指导施工项目全过程各项活动的技术、经济和组织的综合性解决方案，是施工技术与施工项目管理有机结合的产物。借助BIM对施工组织的模拟，项目管理方能够非常直观地了解整个施工安装环节的时间节点和安装工序，并清晰地把握在安装过程中的难点和要点。此外，施工方也可以进一步对原有安装方案进行优化和改善，以提高施工效率和施工方案的安全性。

2. 场地布置

项目周边复杂的环境往往会带来场地狭小、基坑深度大、周边建筑物距离近、绿色环保施工和安全文明施工难度高等问题，如何有效地布置施工临时场地、料场、加工棚等成为一大难题。BIM 技术的出现给平面布置工作提供了一个很好的方式，通过应用工程现场设备设施族库资源，在创建好工程场地模型与建筑模型后，将工程周边及现场的实际环境以数据信息的方式挂接到模型中，建立三维的现场场地平面布置，并通过参照工程进度计划，可以形象直观地模拟各个阶段的现场情况，灵活地进行现场平面布置，有效地控制现场成本支出，减少因场地狭小等原因二次搬运而产生的费用。

3. 三维技术交底

进行技术交底的目的就是最大限度地避免在施工过程中因为理解不到位而产生的错误。传统的施工交底方式就是以文字加图片的形式来交底，对于复杂工程很难进行形象的描绘，处理得好坏很大程度上取决于工人自身的业务水平。通过 BIM 技术，复杂节点三维交底可以最直观的形象展现出来。针对建设项目隐蔽工程，采用三维剖面功能，形成细部构造模型，让各参与方形象、简明地了解设计意图，进而可以精确指导施工现场施工，避免因重复返工或现场指导不到位而引起的不必要的延误。

4. 进度管理

通过 BIM 技术进行施工进度管理，可以更加合理地制订物料、资金需求计划，整体把控物料设备供应，有效避免施工进度延迟；通过迭代推送工作任务，可以确保实时施工进度与计划进度相一致，辅助项目管理层决策项目资金使用，指导项目动态成本管控。

（1）进度计划的制订。在模型中整合空间信息与时间信息，直观、精确地反映整个工程的施工过程，实时追踪当前进度状态，分析影响进度的因素，准确制订查看任何工期节点的计划。

（2）计划及实际进度对比。以甘特图及三维模型量化展示当前施工进度与计划施工进度之间的偏差，准确显示现场实际施工区域，并以不同颜色标注提醒进度滞后区域，分析差异原因，及时纠偏。

（3）施工现场视频监控。针对施工进度，可通过视频前端设备进行远程监控，并结合 BIM 基础数据中的构件、物料等数据进行施工进度的远程指挥和调度。此外，采用视频监控后，职工考勤、现场劳动力分布等情况一目了然。对于工程施工中的关键环节、区域，施工人员操作的规范性、设备安装过程等，也可通过前端视频监控的方式进行记录，并与 BIM 基础数据中的构件等结合，对人员、时间、施工点进行查询和问题回溯，实现质量检查和监督。

（4）自动推送工作任务单，实现在线工作交底。系统配置相应权限，根据施工进度模拟动画，按工种分别推送工作任务单，指导现场工人当天的施工任务，明确工序、工作内容、工作标准及要求、安全措施标准等。

（5）每日实际完成工作情况反馈。施工方可以通过移动端反馈当日工作完成情况，BIM 平台自动动态更新施工进度，保证原计划进度与现场实际进度相匹配。

（6）实时统计工程量及价款。通过 BIM 平台可以实时显示当前进度下工程量及工程成本情况，对项目进行 5D 动态模拟，实时更新显示计划资金与实际资金使用情况分析。

（7）进度风险点。基于 BIM 施工组织和进度，可以提前对风险点进行把控，提出风险管控预案。

5. 安全管理

在安全管理方面，施工方可以通过人工智能手段，智能识别是否佩戴安全帽、安全带，并即时提醒；人员进入安全隐患区域，现场鸣笛、安全帽震动警告；实现人员实时动态监控，确保施工人员在作业安全范围内；随时随地进行安全知识普及与测试，提高施工人员安全意识；便捷、高效完成安全检查工作。

（1）安全信息采集及危险源智能辨识。在 BIM 模型中预设危险源管控点，将危险源与模型关联，生成二维码，现场管理时，通过移动端 APP 扫描二维码进行危险源日常管理，保证危险源处于受控状态。

（2）人员定位管理及安全范围提醒。对于施工现场人员定位管理及安全范围提醒，可利用 RFID 技术进行辅助监测，并将监测数据与 BIM 基础数据联动，统一汇集到加载了 BIM 模型的监控平台中，既能直观显示预警信息，又便于施工现场的统一化管理，从而减少施工现场存在的安全隐患。

（3）安全帽佩戴智能识别、警告及现场门禁管理。通过现场摄像头等图像采集设备，分析、判断、识别现场人员身份，是否佩戴安全帽、安全带等，并通过警报及手机 App 端推送实时提醒，如图 2-16 和图 2-17 所示。

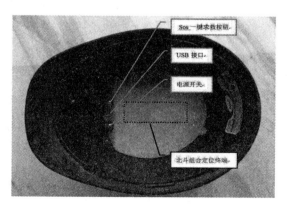

图 2-16 安全帽定位及提醒功能

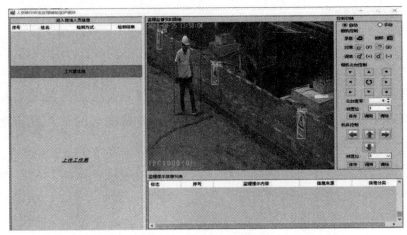

图 2-17 人脸识别、安全帽等穿戴识别、行为识别

（4）移动端 App 自动推送安全防护提醒。在 BIM 平台导入安全规程、安全培训警示及教育视频，并生成安全标准知识库，按预定计划对各分工工作人员进行安全知识推送，并可按设定组织安全小测试，实现安全考核。同时，采用 VR 技术，可以定期进行安全演练和安全模拟。

（5）智能推送安全管理检查标准。在 BIM 平台配置安全检查标准文件及安全检查评分设置，按检查要求分别对不同检查人员按需推送安全检查标准，准确、便捷地完成安全检查。

（6）安全风险。通过 BIM 平台的安全风险点防控措施及安全提醒等安全风险的预防，系统对安全风险较大的因素进行自动归纳和输出，并推送给安全管理人员，并提前制定安全措施，防患于未然，消除安全风险。

（7）重要资产区域监控。施工现场设备材料多，施工作业人员流动大、出入频繁，时有盗窃事件发生。针对上述问题，可将 RFID 识别标签或定位装置附在重要设备、设施及施工材料上，或对视频前端设备进行在线监控，当这些物品超出监控区域时，可进行定位预警。

（8）塔吊防碰撞管理系统。塔吊防碰撞系统是实现施工现场群塔运行状况安全监控、运行记录、声光报警、实时动态的远程监控系统，使塔机安全监控成为开放的实时动态监控。

6. 质量管理

在施工过程中，BIM 技术可以实现隐蔽工程信息的自动收集，为隐蔽工程溯源提供重要的图像依据。检查标准和验收规范可以智能推送到 App 终端，提示检查人员检查要点及按模板自动生成质量检查记录，提高了工作效率。

（1）隐蔽工程的实时或定时监控。对隐蔽工程施工过程全程跟踪记录，并将监控记录挂接存储到 BIM 数据库，为隐蔽工程溯源管理提供原始资料。

（2）现场布置质量检查二维码。预设质量检查点，通过生成二维码并粘贴到现场，现场检查时可快速获取检查历史数据，实现更精准管理。

（3）智能推送质量检查信息。通过 BIM 平台建立质量检查标准及验收规范，向质量检查人员终端智能推送检查验收标准信息，并对质量问题整改情况实施动态跟踪，形成质量发现、发出整改通知单、整改回复的销项闭环流程。

（4）自动生成质量检查记录。预制质量检查记录模板，根据质量检查情况、质量问题沟通记录等，系统自动生成质量检查记录。

（5）质量风险。BIM 平台能够根据近期质量问题反馈情况，自动整理形成质量分析统计数据，提醒质量管理人员及时进行质量风险预防，并制定相应措施，杜绝质量风险隐患。

（6）环境监控。通过施工现场四周环境进行实时监控，当监控值超过报警值时，系统将自动触发报警装置和喷淋装置，达到自动控制扬尘治理的目的。

7. 造价管理

施工单位通过 BIM 软件自动进行工程量的快速统计与准确计算，可以减少大量人力成本、减少人为计算错误、提高工程量统计的准确性。此外，基于 BIM 技术可以实时更新阶段性结算信息，分析影响成本的因素，有效控制成本，避免超支等情况发生。

（1）按照年度或月度制订资金需求计划。基于 BIM 平台，可以在施工各阶段实时更新显示实际项目资金使用曲线、需求曲线，帮助项目管理层决策项目资金使用，制订资金需求计划，辅助项目进行动态成本管控。

（2）建立 BIM 模型及算量规则库。BIM 技术可将结构化的模型及设定好的算量规则导入系统，实现数模分离，生成标准的工程量明细表，实现工程量的统计与计算。

（3）合同执行情况实时查看。相关人员可以将基础合同信息录入 BIM 平台，对合同基本信息进行管理，并且将合同与 BIM 模型相关联，实现合同数据与项目目标成本相结合，实时跟踪合约进度款付款数据。

（4）进度款支付精细化管理。BIM 平台按照设定的计量计价原则，自动完成每月完工工程的计量计价，为及时、准确支付进度款提供技术支持。

（5）实现变更签证费用的统计。发生现场签证及变更时，系统根据 BIM 模型变更信息，自动统计变更签证费用并实时更新工程造价。

（6）资金计划及实际完成投资实时对比。BIM 平台自动完成资金计划及实际完成投资实时对比，有助于分析差异原因，及时纠偏。

（7）实现阶段结算及竣工结算，自动进行竣工结算书编制。根据施工进度及量价规则，自动生成阶段结算数据，并根据设定的结算书模板，自动生成竣工结算书。

（8）实时进行估算、概算、预算、结算对比及造价分析。在平台中预设估算、概算、预算、结算量价计算原则，实现施工各阶段结算数据与估算、概算、预算的对比，便于进行差异分析，有效控制造价。

（9）降低造价风险。BIM 平台能够根据计划与造价情况，对造价数据进行分析与判断，形成造价风险分析数据指标，并定期向造价管理人员推送该信息，使造价管理人员能够及时发现问题、处理问题，从而有效降低造价风险。

8. 物料管理

施工单位通过对物料进行实时数据查询和分析，便于合理制订物料需求计划，合理提出供应商供货请求和安装出库计划，避免出现物料现场积压、占用大量资金、停工待料等问题。

（1）建立物料和设备的模型数据库。工程各专业进行三维建模，组合各专业模型，形成汇总的物料和设备的模型数据库，使物料、设备管理相关部门均可进行数据查询与分析，为物料及设备管理和决策提供数据支撑。

（2）基于物联网技术的一物一码，实现物码联动。对于物料进场后的控制，则需要物联网技术对物料、设备进行编码，物码联动，解决因施工现场物料的多样性、庞大性导致核算不准确等问题。采购物料在进场前，按照一定的规则，将 BIM 模型中的构件工程量数据进行提炼，并将提炼信息附着在识别码中上传至云平台，由工程施工现场的生产加工棚下载对应部分，为材料的生产加工做准备。在生产加工过程中，通过物联识别设备扫描识别码，读出所需加工材料或构件的信息，根据信息对其进行逐个加工生产，并对物料的使用去向进行追踪。

（3）物料库存实时统计。对进出库的物料进行实时扫描记录，精准统计库存信息，助力实现零库存。

（4）物料供货计划契合度分析。实时统计分析物料供货计划与实际工程需求的契合度，及时发现供货偏差并调整供货计划。

9. 竣工管理

施工方应用 BIM 技术便于竣工结算工作的开展。自动实时计量计价功能可提升竣工结算工作的准确度与效率，并可实时五算对比，及时纠偏，有力加强工程造价管控效果。基于 BIM 技术在工程各阶段的应用，最终形成完整的竣工信息模型，从而完成工程全生命周期的信息建立，保证工程信息的延续性与完整性，为工程后评价工作打造坚实的数据基础。施工方应用 BIM 技术能够按照数字化移交方案的要求，实现真正的数字化移交。BIM 模型各构件信息完整包含了工程可研、设计、发承包、实施、设备、材料、试运行、竣工验收等全生命期各环节各参与方相关信息，工程数据信息在其中能够进行三维可视化、图纸、报表等多种格式的展示，打通了工程信息数据传递和共享的渠道，大大提高工程集成交付能力，真正形成了工程的数字化移交，并为竣工建筑项目的维护管理奠定基础。

（1）根据施工验收规范，自动推送竣工验收内容及验收标准。建立工程质量及验收标准规范库，可以按照验收流程逐步生成验收工作清单、日志、追踪、文件，每日更新竣工验收资讯并派发至应用终端，达成验收竣工现场各参与方各层级实时沟通，协助验收工作开展。

（2）自动生成验收报告。BIM 模型将针对施工结束之后需要维护项目以及具体参数进行分析，形成竣工模型，将 BIM 模型、工程实际与施工竣工验收文件连接，在模型中联合资料与设施设备，根据管理规定及流程设置验收报告模板，并自动提取信息及生成报告。

（3）试运行及投产移交。结合 BIM 模型中各构件完整过程建设信息，模拟工程试运行及测试，并协助工程竣工验收现场检查及试运行，可实时调取各设备设施属性及建设过程信息，实时发现问题及制订修正计划，加快验收工作进度，保障工程投产移交工作的效率效果。

四、监理方 BIM 应用价值分析

工程监理方传统的工作方式包括现场记录、旁站监理、平行检测、会议协调、发布文件等。利用 BIM 技术进行模拟施工与协作，可以有效地提高监理方工作效率，监理工程师能够将工程信息反馈至 BIM 模型中，进而指导工程施工的实施。BIM 技术采用"云端 + 手机 App"的方式，将施工现场实时监控、信息采集的数据，系统自动进行归集整理和分类，根据隐患类别及紧急程度，对相关责任单位、责任人进行预警。一方面监理方则可以随时随地对施工现场进行监控，另一方面安全管理系统会自动对危险源发出警报，有效提高了监理方施工现场质量安全管理水平，降低了风险。BIM 技术对监理方的应用价值如图 2-18 所示。

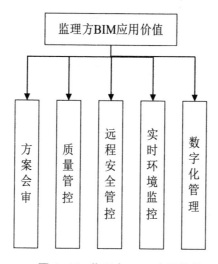

图 2-18　监理方 BIM 应用价值

1. 数字化管理

（1）工程监理信息数字化。相比于传统工程监理，数字化工程监理模式的最大特点是以数字化信息为主，工程项目需要的各类信息（如设计图纸、规范标准、监理过程中的各类函件以及现场照片、视频等）均能利用 BIM 模型通过计算机进行传输与处理。

（2）工程监理档案无纸化。数字化工程监理模式在工程实施过程中直接形成的档案均是能被建筑模型应用识别成构件属性的信息。而对于非工程监理产生的纸质载体档案则用扫描仪等设备转化为电子档案，项目竣工后通过外部存储方式与建筑模型进行间接连接，方便进行永久保存或接入互联网，实现远程访问的功能。

（3）信息传递网络化。数字化工程监理期间所形成的数字式信息，在传递过程中通过信息技术能够同时多向传递，实现信息传递网络化。而且通过互联网远程传递信息，不受时间与空间限制，更加便捷。工程监理公司总部可以远程监控所承接的不同区域的工程监理项目，并且可以利用网络可视通话功能，召开远程会议讨论项目相关问题。

（4）信息检索智能化。数字化工程监理模式能够在资料、档案中通过一致性三维信息模型进行智能化检索，具备检索速度快、效率高、范围广的特点。对比传统工程监理模式的档案与资料查阅方式，数字化工程监理模式只需登录检索共享建筑信息模型库或相关模型文件即可。

2. 方案审查

在图纸会审过程中，监理工程师通过提取设计方制作的 BIM 模型，审查模型深度与质量；在审查工程施工方案过程中，监理方提取施工方进一步构建的 BIM 施工模型，评审该施工方案的科学合理程度，增加工程质量控制的关键信息；在工程材料、设备和构配件质量审查过程中，监理方可以提取 BIM 模型中各项材料与设备的详细属性信息，并添加监理方审查信息与平行检验结果信息。BIM 模型使得监理方在方案审查时，更加详细直观地了解方案的情况，使得工程监理工作更加高效。

3. 质量管控

BIM 信息模型为施工现场技术交底工作开展提供了便捷。通过三维 BIM 模型以及施工动态模拟，对复杂的施工工艺进行展示。对复杂工艺的施工质量检验，需应用物联网技术，监控和录制施工人员的施工过程，并通过云端输送至项目协同管理平台，由监理方进行全程监控，逐一排查各项关键工艺质量。如若监理方排查出问题，则在 BIM 模型对应的位置注明情况，并对负责人下发整改通知书，按时监督和检查整改结果。BIM 技术的应用可以改变现阶段监理工程师在施工现场高负荷、高强度的巡回工作模式，降低监理工程师用于现场巡视的精力，更多地注重对现场进行预控和对重要部位、关键工序的把关，在提高工程监理的工作效率的同时，还可以相应地减少人员配备。

4. 远程安全管控

工程项目建设具有一定的安全风险，项目安全管控力度不强或存在漏洞可能会引发危险事故。现场施工人员大多数受教育程度不高，缺乏相关安全意识，因此有必要对施工劳务人员进行全面有效的监控与管理。

应用物联网技术为施工现场劳务工作人员生成能够随身携带的个人识别码，使劳务工作人员能够被施工现场的感应装置扫描、识别、追踪和监控。通过在施工场地安装远程监控系统，监理方可以计算机屏幕实时监管，对施工现场进行动态控制。针对施工现场危险区域，监理方可设置物联感应识别装置，实时监控该区域内人员的进出与工作情况，如发现存在安全隐患，需立即采取措施进行处理。监理方定期整理发生违规的原因，并上传至云端汇报，指派责任人根据实际情况对劳务工作人员进行针对性安全思想再教育或采取其他整改措施。监理方通过手机 App 和 PC 端，实时了解施工现场的项目进展情况，既减轻了监管人员的工作强度，又加强了监理方的调控监管力度，有效地提高了工作效率，强化了安全管理。

5. 实时环境监控

通过在施工现场设置环境监控设备，监理方可以实现 24 小时全天候实时在线监测。监理方可以对风向、温度、风速、湿度、噪声、PM2.5、PM10、天气等设定报警值，超限后及时报警，并与炮雾机、沿路喷淋、塔吊喷淋装置实现联动，以达到自动控制扬尘治理的目的。同时，环境监控系统还可与智慧平台进行对接，监理方通过平台可以及时掌握施工现场情况和环境状况，实现数据共享、动态监控。

五、工程造价咨询单位 BIM 应用价值分析

工程造价咨询是指造价咨询单位接受社会委托，开展项目投资估算和经济评价、概算编制和设计审核、招投标标底和报价编制与审核、结算和竣工决算等工作。工程造价咨询单位的服务内容，总体而言，包含两部分：一是具体编制工作，二是审核工作。这两部分内容的核心都是工程量与价格（价格包含清单价、市场价等）。其中，工程量包含设计工程量和施工现场实际实施动态工程量。BIM 技术的应用，对工程造价咨询单位在项目管理工作中对工程量的管控产生重要影响。BIM 技术对工程造价咨询单位的应用价值如图 2-19 所示。

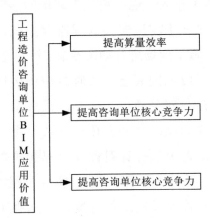

图 2-19 工程造价咨询单位 BIM 应用价值

1. 提高算量效率

传统的造价咨询模式是在设计完成之后，依据施工图纸算量建模，计价出件；项目规模不同，所需时间长短也不同。应用 BIM 设计模型将传统的算量建模工作转变为模型检查、补充建模（如钢筋、电缆等），传统建模将体力劳动转变为模型检查与完善，减轻了算量人员的工作量，也减少了造价咨询时间。算量成果能够在 BIM 模型中与信息模型构件一一对应，方便工作人员直观地检验成果。

2. 提高咨询单位核心竞争力

在传统的造价咨询行业中，算量人员是企业员工的主要组成部分。随着 BIM 技术的应用，造价咨询企业中建模算量的人力资源支出将会降低，丰富的数据资源库、大量的项目经验积累以及资深的专业技术人员，将是工程造价咨询企业的核心竞争力。

3. 提高咨询单位服务水平

随着 BIM 技术的推广应用，造价咨询行业的业务将不再局限于项目估算、概算、预算编制等工作，项目进度评估、挣得值分析、项目预评估等都需要造价咨询企业的专业技术支持；工程造价咨询企业的业务将延伸到项目建设全过程，并与项目信息化管理相融合，提供全过程高水平的造价咨询技术服务。

六、招标代理单位 BIM 应用价值分析

招投标代理单位通过招标管理平台，对发标单位信息的获取、招标信息登记、招标信息分析、投标前评审、投标决策、投标信息登记、竞标单位信息管理、开标记录、投标情况、成本等各个方面进行全过程的管理。BIM 技术对招标代理单位的应用价值如图 2-20 所示。

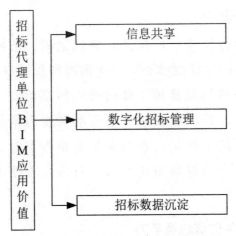

图 2-20 招标代理单位的 BIM 应用价值

1. 信息共享

招标代理单位上传相应的招标文件，监管单位审核通过后就可以进行在线招标。之后如果有单位进行投标，招标代理单位可以查看投标单位的相关信息及投标文件。相应的，设计单位、施工单位或监管单位能够在线查看目前正在进行招标的项目，包括项目信息和项目开发商的信息，如有疑问，还可以针对该项目直接在线进行提问。通过平台上发布的发标单位信息、竞标单位信息、开标记录、政府相关信息记录等，招标代理单位能够帮助投标单位进行投标分析。

2. 数字化招标管理

通过互联网平台可以低成本、高效率地实现招投标的跨区域、跨地域进行，实现无纸化的招投标。应用 BIM 技术实施数字化招标管理能够记录评标过程并生成数据库，对评标操作过程实时监督，规范市场秩序，促进招投标工作更加公正、透明。此外，数字化招投标可以节约大量的纸张，降低招投标的成本，实现绿色低碳环保。

3. 招标数据沉淀

通过招投标管理平台可以整合工程招标过程中的各供应商、参与方、设备材料价格信息等数据，核查并保障工程基础性数据的统一性，并可在工程建设全过程中达到数据信息的共享、多用。

七、全过程工程咨询单位 BIM 应用价值分析

国务院颁布的《工程咨询行业管理办法》中，明确定义了全过程工程咨询是采用多种服务方式组合，为工程项目前期决策、开展实施和后期运营持续提供局部或整体解决方案以及管理服务。对于全过程咨询单位来说，不仅可以通过 BIM 技术进行流程管理，实现信息共享，而且可以运用 BIM 技术来生成工程建设全生命周期的真实数据，逐渐完成项目大数据的积累和应用。通过整合与集成工程项目信息，实现项目信息在工程建设全生命周期中的有效利用，为相关工程咨询人员提供正确的决策服务，最终提高生产效率，优化成本与工期。BIM 技术对于全过程工程咨询单位的应用价值如图 2-21 所示。

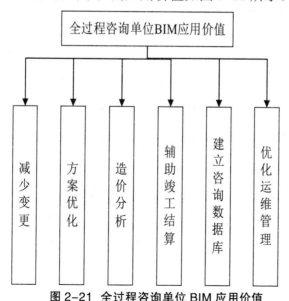

图 2-21 全过程咨询单位 BIM 应用价值

1. 前期咨询阶段

咨询公司可根据输变电工程的功能需要建立 BIM 模型，实现虚拟空间可视化，可通过提取调用历史工程数据的指标进行分析，开展多个方案评选，估算得出工程项目造价与收益。

2. 设计咨询阶段

通过 BIM 3D 模型与信息数据共享，咨询公司能够及时地获取到相关造价信息，辅助设计方进行科学合理的限额设计与设计方案优化调整，解决以往存在的设计与造价脱节、变更频繁的问题。

3. 招投标咨询阶段

咨询公司可通过 BIM 技术向投资方展示设计方案和施工流程，估算出项目的建设周期和整体造价，同时客观地呈现出工程项目的收益。在项目各阶段的工程节点中，详细报备工程项目造价与施工期限，避免产生不必要的索赔或合同漏洞。

4. 施工咨询阶段

咨询公司利用 BIM 技术能够进行"碰撞检查"，做到技术交底可视化，大大减少工程变更；还可进行网络分析优化、施工现场布置等，大幅提升项目综合效率；通过 BIM 3D 技术模拟施工、虚拟装配等解决项目中存在的一些技术难题，减少质量与安全问题；利用快速算量、多算对比等，达到施工过程中成本优化的目的。

5. 竣工结算阶段

咨询公司可应用竣工 BIM 模型，实现快速算量、辅助工程结算等工作，减少工程结算的周期。通过 BIM 模型的方式提交工程结算相关资料并形成电子档案，为未来开展工程运维、改造与升级工作做好铺垫。

6. 运营维护管理阶段

咨询单位将 BIM 技术与物联网技术融合，可以实现空间设施可视化与工程实时动态监控管理。通过对运营维护数据累积与分析，查找运行过程中的问题和隐患，为运营提供策略建议，也可以通过大数据来优化和完善管理。

7. 咨询单位数据库建立

应用 BIM 技术开展全过程工程咨询工作，不仅可以在项目全生命周期中将咨询单位从繁重的专业化、烦琐的细分化的工作中解脱出来，提高咨询单位的工作效率，而且有助于咨询单位进行工程数据库的建设，并通过大数据等技术提供可靠的决策建议。BIM 技术的发展与应用，有力地提升了工程造价咨询企业的工程项目信息数据存储水平，并且能够对数据信息进行分析与共享。通过对历史工程项目数据与市场信息的梳理整合，构建起较为完善的工程项目 BIM 信息数据库，这样极大地方便了咨询单位进行数据分析，提升咨询单位的服务水平，并且基于大数据的分析可以使得咨询方提出的决策建议更加客观有效。

八、设备材料供应商 BIM 应用价值分析

目前我国供应链信息管理仍存在许多不足之处。一是信息传递方式较为传统，供应链信息仅在两个参与人之间传递，没有第三方人员涉及，导致了供应链中其他成员信息闭塞。二是信息传递不及时，例如，在业主进行设计变更时，只会和设计方进行沟通与协调，因此施工方接收到项目变更通知的时间存在延迟，施工方可能仍在按照原图纸进行施工，导致不必要的资源浪费，进而影响施工进度计划。三是信息传递流失较严重，随着建设项目的开展，过程中会存在人员的更替问题，导致供应链结构不稳定，所以在信息传递过程中，特别是在节点企业之间会出现大量信息的流失，在电子图纸传输过程中，也会存在因为电脑软件版本不同以及兼容性问题导致信息流失的情况。

　　而 BIM 技术将重塑供应链信息传递方式，推动供应商能力升级，实行有效的信息管理，并实现电力供应链上的各合作企业之间的信息协同，对提升决策效率和产品质量有重要意义，BIM 技术对于设备材料供应商的应用价值如图 2-22 所示。

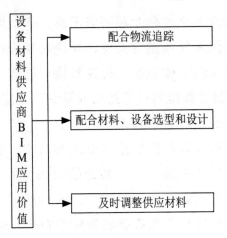

图 2-22　设备材料供应商 BIM 应用价值

1. 配合材料、设备选型和设计

　　根据设计模型，供应商可以基于全信息的 BIM 数据库，配合设计样板进行产品、设备的设计选型，并提供对应的全信息的材料设备模型，为施工阶段提供材料做好准备工作。

2. 及时调整供应材料

　　BIM 技术能够为供应链共享信息提供信息标准，其中包括信息内容、信息结构等标准要求。依靠先进的信息技术以及 BIM 平台，供应商与供应链上各合作伙伴之间能够在 BIM 平台上及时有效地进行信息交流与共享。通过平台信息交流，供应商可以及时获得工程变更信息，调整供应材料，帮助业主降低成本，提高供应商的管理水平，降低供应商的成本。

3.配合物流追踪

供应商可以向施工方提供合同产品、设备的模型信息和编码等信息，配合施工单位进行物流追踪。在生产运维阶段，供应商可以配合生产运维单位将设备信息录入生产运维管理平台，建立设备运维数据库，做好生产运维单位设备维修记录，在维修日期到达前做好设备维修保养的准备工作。

九、工程生产运维单位 BIM 应用价值分析

如图 2-23 所示为工程项目全生命周期成本占比。在项目全生命周期中，前期成本占比为 9%～12%，建设期成本占比为 30%～35%，而运维阶段成本占比为 50%～55%，因此对项目生产运维期进行科学管理十分重要。

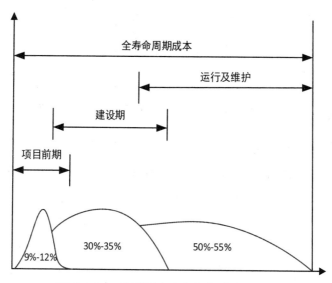

图 2-23　工程项目全生命周期成本组成

在项目竣工后，生产运维单位可以根据 BIM 竣工模型为后续加上运维管理所需要使用的信息，进而产生运维模型。并且可以通过生产运维管理平台进行管理，提供查询、分析、模拟、预警、处理、

决策等功能，不仅可以为业主和运维商提供随时可查询的信息，还可以实现虚拟运维、空间管理、设备资产管理、隐蔽工程管理、应急管理及灾害应急模拟、维护计划、项目性能优化、能源耗损分析等，从而有利于对工程项目及生产设备的安全稳定、经济运营进行有效把控，提高运营效率。BIM 技术对于工程生产运维单位的应用价值如图 2-24 所示。

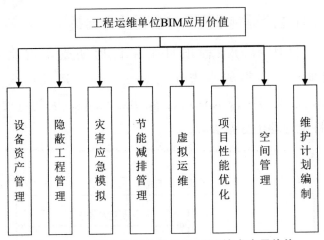

图 2-24 工程生产运维单位的 BIM 技术应用价值

1. 虚拟运维

虚拟运维是指通过直观的三维模型动画并结合建筑施工的相关信息来指导复杂的运行维护。BIM 模型可以实现生产运维管理 3D 可视化并进行虚拟运维分析。通过 BIM 技术，能够提前进行生产运维预演，对生产运维的流程、方法和生产运维过程的环境进行真实模拟与分析，为生产运维方提供数据报告，生产运维人员也能够更清楚、更透彻地掌握运维流程，有效提高生产运维单位的工作效率，减少运维成本。

2. 项目性能优化

BIM 提供的数据有助于评估输变电工程项目现状，并进行性能优化分析。项目性能分析是依据设计规定和业主使用需求来衡量电网工程项目性能的过程,包括建筑物能耗分析、电气系统操作、内外部气流模拟等涉及建筑物性能的评估工作。应用 BIM 技术与专业的建筑物系统分析软件结合,能够避免重复建模与收集参数信息。通过 BIM 能够验证项目是否依据相关的设计规定进行建设,根据分析模拟结果,对系统参数等进行优化,从而优化项目整体性能。

3. 空间管理

空间管理是指为了有效利用空间,节约成本,对输变电工程项目的建筑空间进行管理。空间管理一般应用于照明、消防系统以及设备空间定位等方面。BIM 通过获取各系统和设备空间位置等信息,将二维文字或图纸表示转为三维立体图形,使得各系统和设备的空间位置变得更加直观形象,方便生产运维人员查找确认。应用 BIM 技术建立三维可视化模型,包括各系统与设备的数据与信息都能够在模型中获取与调用。如改扩建时可快速获取空间内的管线、机电给排水设施、数据通信、承重墙等设备及建筑构件的相关信息。BIM 技术能够协助生产运维单位记录与分析空间的使用情况,根据分析结果合理安排与利用建筑空间,提高空间资源利用率。

4. 设备资产管理

设备资产管理主要包括设备维修、空间规划与维护操作。科学有序的设备资产管理系统能够有效提升输变电工程项目设备资产的管理水平,但由于工程施工与运营维护之间存在信息割裂问题,生产运维单位需要在运维初期人工录入大量的设备资产信息,存在由于工作人员粗心导致数据录入错误的问题。

BIM 技术能够提供关于电力工程项目协调一致的信息。BIM 模型中所包含的大量建筑和设备资产信息可以顺利导入设备资产管理系统，所有的设备资产的维护数据不断更新，实现信息的共享和重复使用，减少了生产运维单位在运维初期信息录入方面的时间和人力投入，降低了业主和运维单位之间由于缺乏有效信息交流而导致的成本损失。此外通过 BIM 结合 RFID（无线射频识别电子标签）生成的资产标签芯片能够直观展示资产在建筑内部的空间位置和相关参数信息。生产运维单位可以基于 BIM 技术与 RFID 技术集中管控工程资产与设备，通过远程控制相关重要设备，能够全面掌控设备的实时运行状态，为生产运维管理提供便利。

5. 隐蔽工程管理

在输变电工程设计时可能会忽略一些隐蔽管线信息，特别是随着使用年限的增加，这些数据的丢失可能会为日后的安全工作埋下很大的安全隐患。

随着工程使用年限增长，输变电项目中一些隐蔽工程的数据信息存在遗失的风险，为后期生产运维工作埋下较大的安全隐患。应用 BIM 技术开展生产运维管理工作能够充分考虑复杂的隐蔽工程情况，并且能在模型中直接获得相对位置关系。当进行改建或扩建时，能够避开管网、线路等隐蔽工程。生产运维人员可共享隐蔽工程相关信息，发生变更时及时更新，确保工程信息真实准确。

6. 灾害应急模拟

输变电工程项目涉及电力系统的安全稳定运行和相关人员的生命财产安全，因此对于突发事件的响应能力非常重要。不仅局限于传统的关注突发事件发生后的响应和救援，应用 BIM 技术能够在生产运维过程中预防突发事件的发生，并及时预警和提出处理方案。在事故发生前，通过 BIM 进行灾害应急模拟，找出可能引发事故的安全隐患，预先制定防范措施和事故发生后的应急方案。如发生火灾事故，系统能够通过喷淋感应器感应事故信息，在 BIM 信息模型中会自动触发火警警报，并通过定位显示火灾区域具体位置，运维单位能及时查询火灾附近的环境与设备运行状态，为及时进行现场疏散等工作提供有效帮助。

7. 节能减排管理

应用 BIM 与物联网技术结合，便于生产运维单位对建筑进行能源管理。借助具有传感功能的智能电表等装置，实时采集建筑能耗数据，并上传至云端对建筑能源消耗情况进行统计分析。系统还具备远程监测功能，生产运维单位能够对建筑内的实时温湿度变化进行分析，根据实际情况开展节能减排管理。

8. 维护计划编制

在输变电工程投入使用期间，其结构设施（如墙、楼板、屋顶等）与设备设施（如设备、电缆等）需要进行定期或不定期维护。根据 BIM 模型空间定位与数据记录优势，制定科学合理的维护计划，减少工程使用期间的意外状况发生频率，提升输变电工程性能，降低项目整体运维成本。针对某些重要设备，还能够根据历史维护记录对设备的运行状态提前做出判断。

第三节　电力工程项目目标管理中 BIM 应用价值分析

一、进度管理中 BIM 应用价值分析

（一）BIM 技术在进度管理中的应用

1. 进度管理的主要内容

（1）任务进度与项目三维模型的相互关联。施工方可以通过 BIM 模型对项目进行施工模拟，分解各项工作，直观地获取工程施工进

度进展与施工成果，避免进度计划编制过程中可能出现的工作交叉或遗漏，确保项目进度计划的准确性和完整性。

（2）计划与实际进度对比。以甘特图及三维模型量化展示当前施工进度与计划施工进度之间的偏差，准确显示现场实际施工区域，并以不同颜色标注提醒进度滞后区域，分析差异原因，及时纠偏。

（3）进度计划的可视化表达。在编制施工进度计划时，通过BIM三维模型按照进度计划模拟工程施工，掌握进度计划的实际开展情况，找出影响项目周期的关键时间节点并进行重点控制，保证施工计划的准确实施。

（4）高效进度信息共享。工程项目各参与方都在统一的软件平台组织开展工作。通过平台信息共享功能，参与方之间能够相互了解，并探讨各自的任务开展情况，有助于各方协同处理工程开展过程中发生的进度问题。

（5）数据资料管理。传统施工进度编制一般采用横道图或者网络图的方式，也可以借助相关的进度管理软件，进度管理过程中的周、月进度计划及各阶段进度报表和分析资料、工程进度报告表等资料分别以纸质材料进行归档，大量的工程项目数据资料归纳与整理难度较大，并且还可能出现文件混乱或丢失的情况。BIM技术能够对施工阶段工程产品的几何属性、非几何属性、计划进度与实际进度等数据信息进行整合，并存储到平台系统内，便于各参与方随时获取与调用，实现施工进度集成管理。

（6）进度与资源集成。基于BIM的施工管理方法，可以进行人员、材料、机械消耗量的精确计算。管理人员依据更加精确的计算结果，保障项目资源得到更为精细与合理的分配。应用BIM技术对施工进度分别进行整体与局部模拟，及时调整施工工序与资源分配，实时改进施工计划使其更加科学合理。因此，相比于传统技术，应用BIM技术制定的施工进度计划具有更高的可行性。

2. 基于 BIM 的施工进度管理流程

传统的施工进度管理主要以施工方为主，在项目管理方和监理方的监督与协调之下，施工方与设计方交流和讨论施工图纸，深入理解施工目标，开展施工图纸会审等系列查漏补缺工作。施工方根据自身经验，短期内编制工程项目前期施工方案以及总体进度计划，并发送给各分包单位，由分包单位及材料供应单位根据资源的限制对进度计划的不合理方案进行反馈。根据反馈问题施工方分析和优化施工进度计划，进一步用于指导工程施工，并根据施工现场中遇到的各种问题对进度计划进行变更。因此，在实际施工过程中，尽管制定了详细的进度计划，但是在具体施工过程中，计划进度常常无法得到准确的执行。传统施工方式的进度管理流程如图 2-25 所示。

应用 BIM 技术对工程项目施工进度进行管理，需在设计单位模型的基础上，整合业主及利益相关方的需求信息，分解工作，编制进度计划、进行进度分析与偏差纠正等工作。BIM 技术使得各参与方之间实现信息共享与业务协作，优化项目施工进度计划，预先发现并解决施工期间可能发生的问题，从而更好地指导具体施工过程，确保工程保质保量按期完成。基于 BIM 技术的工程项目施工进度管理流程如图 2-26 所示。

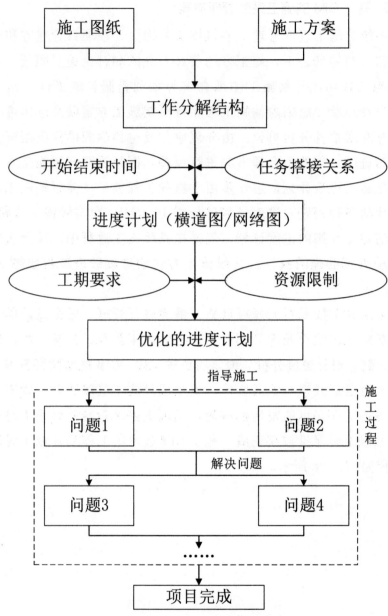

图 2-25 传统施工进度管理流程

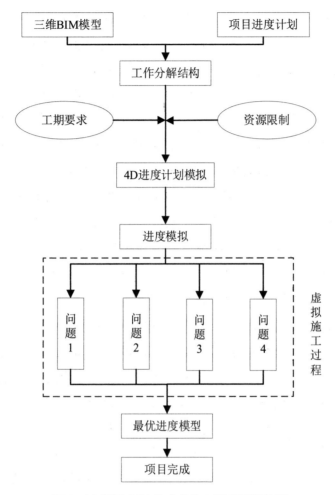

图 2-26 基于 BIM 技术的施工进度管理流程

应用 BIM 技术经过多次仿真模拟编制施工进度计划，在施工动态模拟中增加对风险事件的预估，制定相应的防控方案，科学合理地安排工程施工。应用 BIM 技术编制施工进度计划有以下特点。

（1）在工程项目前期设计阶段，项目各参与方、各专业工程师共同参与构建 BIM 平台，从各个方面深入了解工程项目的建设目标，为后期开展施工工作打下基础，便于项目各参与方提前做好准备，从人员、材料、机械和资金等方面保证项目能够按照进度计划开展实施。基于 BIM 技术的施工进度计划和实施控制流程主要涵盖图纸会审、施工组织过程、施工动态管理与施工协调四个方面。

（2）BIM 建筑信息模型为项目各专业工程师提供了一个便捷的工作协调与交流平台。各专业工程师发现存在交叉冲突等问题时，能够通过平台反映至其他专业工程师，使其调整或优化施工方案，减少发生问题时各方相互推诿责任的状况。通过 BIM 平台，整合各参与方与各专业工程师组成信息对称的项目施工进度团队。

（3）应用 BIM 技术能够动态模拟施工过程，实现施工进度可视化。通过 BIM 技术能够向各参建单位或公众以施工动态模拟视频的形式展示工程预期目标，使得各参与方人员能够全面直观地了解工程各阶段目标与总体方案，更高效地指导、协调具体的施工。

（二）进度管理中 BIM 技术应用的意义

通过 BIM 技术能够实现工程项目进度管理信息在项目全生命周期各阶段传递与共享；制定更加合理的物料、资金需求计划，整体把控物料设备供应，有效避免施工进度延迟；迭代推送工作任务，确保实时施工进度与计划进度相一致；辅助项目管理层决策项目资金使用，指导项目动态成本管控。工程项目各参与方能够通过 BIM 技术在工程全生命周期各阶段开展协同工作，如项目进度计划编制、进度管理等。BIM 技术的应用无疑拓宽了工程项目进度管理的思路，通过为项目各参与方提供便捷的进度管理协同工作与信息共享平台，能够有效避免以往项目进度管理工作中出现的问题，如沟通不到位、信息资料丢失等情况。

在 BIM 建筑信息模型中增加时间维度等进度信息，实现施工进度模拟。4D 模型虚拟施工能够直观地比较施工实际进度与计划进度，项目各参与方通过 BIM 平台掌握工程实施情况并进行协同管理；增加成本造价信息的 5D 模型可以准确计量工程量，科学管控工程造价。BIM 模型与物联传感技术结合，能够实时监测施工现场各类指标信息，包括对现场扬尘浓度、噪声指数等进行监测，并将实时数据传输至云端进行统计分析。将施工现场摄像监控视频与 BIM 模型施工模拟情况进行对应，对比施工进度，有效避免工程质量问题和安全问题，降低返工与变更次数。

根据 BIM 技术构建工程建设项目信息模型与施工组织方案，安排与布置项目施工现场，模拟施工过程。审查施工组织方案的合理性和经济性，为工程施工过程中的重要施工节点提供技术上的支持。

二、安全管理中 BIM 应用价值分析

（一）BIM 技术在安全管理中的应用

1. 基于 BIM 的安全计划

应用 BIM 技术开展工程项目安全模拟，参考安全模拟情况合理调整和优化施工组织方案，保证在施工过程中相关工作人员、作业流程、基础设备以及作业面等部分之间的联系得到有效加强。在施工过程中，BIM 技术可以最大程度地保证工作面和公共作业区域安全，通过动画模拟工程组件的组装顺序，总结得出实际施工时可能采取的合理方式。BIM 技术可以有效协调和统一工程各环节之间的关系，确保项目安全实施与运行。

2. 人员定位管理及安全范围提醒

植入定位装置的安全帽可以确定人员定位信息，危险源可以设置危险范围。当人员进入危险区域时，安全帽定位振动装置就会对误入人员进行实时提醒，并将误入信息反馈到 BIM 平台。

3. 基于 BIM 的安全教育

通过 BIM 模型模拟施工现场周围的环境，完善与改进施工现场安全教育机制。由于存在部分新员工对施工现场环境不了解的情况，因此可以利用施工现场三维 BIM 模型进行可视化展示，使得工作人

员对施工现场情况有更加全面的认识，降低意外发生概率。

4. 现场安全监测与处理

在施工现场，安全管理人员能够应用移动设备通过图片或视频的形式记录现场存在的安全隐患，将记录及时上传至 BIM 平台内进行统一管理，并及时通知有关责任人进行整改与处理，为后续施工现场安全管理工作开展提供参考。

5. 基于 BIM 的安全文明施工管理

通过 BIM 模型直观展现建筑的各类属性信息，协调现场施工与安全文明施工间的关系。从输变电工程施工的角度来看，由于其作为一项复杂程度较高的工程，其具体安全措施会随着施工进程的不断推进发生一定程度上的改变，在 BIM 模型的支持下，可以依据项目特点制定安全文明施工规范与应急方案，确保工程项目安全顺利实施。

6. 灾害应急模拟

输变电工程项目涉及电力系统的安全稳定运行和相关人员的生命财产安全，所以对于突发事件的反应能力非常重要。通过 BIM 信息模型开展项目灾害应急模拟，协助安全管理工作人员制定灾害预防方案、预警机制等。

（二）安全管理中 BIM 应用的意义

在安全管理工作中，通过 BIM 施工模拟技术能够指导项目制订、推进、检查和评价安全进度计划。具体的表现为：在 BIM 软件中输入各专业设备构件的属性信息，构建工程 BIM 信息模型；在 BIM 信息模型的基础上，结合工程目标与进度要求，编制工程项目进度计划，通过 BIM 模型与进度计划相结合，形成 BIM 4D 模型，直观动态地展示工程项目施工进度安排。

在项目实施期间，应用不同颜色标注 BIM 模型来表示工程各部分的施工进展与安全状态，并与原计划进行对比。通过这种清晰易懂的方法使得各管理者能直观地认识工程进行中的安全状态，提高沟通效率，减少沟通信息丢失。还可以通过 BIM 技术调整安全管理计划方案，并生成对应的 BIM 模型，各参与方人员通过联合讨论，进一步优化安全管理方案，确保工程安全开展。在生产运维过程中，可以通过虚拟运维、灾害模拟等方式减少安全事故的发生。

最后通过 BIM 技术整合项目安全管理相关资料，形成报告，对安全管理进度计划执行效果进行评价，为后续项目安全管理工作开展提供参考。BIM 技术在项目安全管理过程中的应用，主要体现在以下三个方面。

1. 指导安全进度计划编制

应用 BIM 编制安全进度计划内涵盖施工工序最早和最晚开始时间、持续时间和工序之间的搭接顺序等信息，使得计划可以进行有弹性的安排，为施工后期进度计划调整留有一定的空间。利用 BIM 指导进度计划的编制，整合各参与方人员充分交流探讨，明确各类资源调度计划安排，并通过动态模型改进进度计划。各专业分包商根据动态模型，直观了解项目总体进度安排，相互沟通协调，进一步安排各分包专业安全进度计划，避免出现资源调度困难等情况。

2. 实时开展事中安全控制

安全进度分析主要通过里程碑控制点和关键路线分析，比较实际进度与计划进度之间的差异。通过施工现场摄像、激光扫描等装置获取施工现场信息并上传至 BIM 平台，由安全管理人员分析项目进展情况，对比预先制定的安全进度计划，生成进度对比图。管理人员根据对比分析结果，结合施工现场实际资源情况，选择是否调整施工安排。

当存在安全进度偏差并且需要进行调整时，各参与方人员能够通过 BIM 平台协同处理，制定合理的进度方案。相较于传统的逐级汇报传递信息的方式，BIM 平台内涵盖大量的项目相关信息，负责人员可以全面及时地了解项目整体情况，有效提高了项目管理人员的工作效率，这些信息也为安全管理评价提供了相关参考。

3. 实现安全进度事后评价

项目竣工后，通过 BIM 软件平台能够从多方面评价安全进度计划的实施效果，包括是否按期完工、计划合理性、计划执行与控制效果等方面，也为后续项目制定安全进度计划提供经验参考。

事后评价能够通过三维模型查看工程项目的实施过程，并与设计阶段的 BIM 模型进行对比。在安全进度事后评价时，BIM 平台能够输出评价报告，如对项目实际实施情况与进度计划偏差的对比分析，对施工过程中出现安全风险后的事后分析，对项目中偏差修正有效性的分析，对施工资源分配合理程度的分析等。通过评价报告，还能够更加清晰地分析项目各参与方在项目安全管理中承担的责任以及任务完成质量与效率等情况。

三、质量管理中 BIM 应用价值分析

（一）BIM 技术在质量管理中的应用

在输变电工程建设中，无论是设计、施工还是电气设备的安装，影响工程质量的因素主要有"人、机、料、法、环"五大方面，即人工、机械、材料、方法、环境。工程项目质量管理主要对以上五项要素进行管理。

由于受实际条件和操作工具的限制，大部分传统管理理论无法在实际工程项目实施过程中发挥作用，在一定程度上影响了工程项目的管理工作效率和质量管理目标。在施工阶段，施工人员业务能力不强、不按规范使用材料、不按图纸要求施工、无法准确预知完

工后的质量结果、各专业工种互相影响等问题对质量管理产生一定的影响。输变电工程项目质量管理过程如图 2-27 所示。

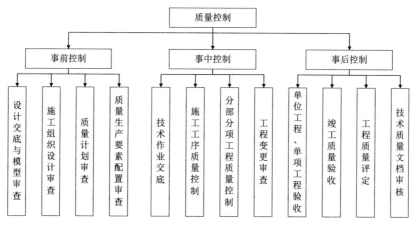

图 2-27 质量管理过程

BIM 技术在输变电工程质量管理中的主要应用如下。

1. 隐蔽工程的实时或定时监控

对隐蔽工程施工过程全程跟踪记录，并将监控记录挂载存储到 BIM 数据库中，为隐蔽工程溯源管理提供原始资料。在施工过程中，隐蔽工程信息的自动收集为隐蔽工程溯源提供重要的图像依据。检查标准和验收规范智能推送至 App 终端，辅助隐蔽工程检查。

2. 现场布置质量检查二维码

预设质量检查点，生成二维码并粘贴到现场，现场检查时快速获取历史数据，实现精准管理；二维码提示检查要点及检查记录，按模板自动生成质量检查记录，提高工作效率。

3. 智能推送质量检查信息

BIM 平台建立质量检查标准及验收规范，向质量检查人员终端智能推送检查验收标准信息；并设置工程质量问题追踪功能模块，具体包括发现质量问题、发送质量整改通知、回复整改意见、检验整改结果四部分。

4. 自动生成质量检查记录

根据质量检查情况、质量问题沟通记录等，系统自动生成质量检查记录。

5. 工程复杂部位的运维管理

随着工程使用年限增长，输变电项目中部分复杂隐蔽工程的数据信息可能会丢失，为后期开展生产运维工作埋下较大的安全隐患。BIM 信息模型技术能够保存工程项目各阶段信息，并且能够直观立体地展示项目各阶段信息。当进行改扩建时，能够参照 BIM 信息模型避开管网、线路等隐蔽工程。生产运维人员可共享隐蔽工程相关信息，发生变更时及时更新，确保工程信息真实准确。

6. 质量风险管理

BIM 平台能够根据近期质量问题反馈情况，自动整理形成质量分析统计数据，并提醒质量管理人员，及时预防可能发生的质量风险，并制定相应措施，避免质量风险隐患发生。

（二）质量管理中 BIM 应用的意义

通过基于 BIM 技术的数字化信息系统控制中心将施工程序展示给质量管理人员，便于质量管理工作人员现场管理与指导施工作业，并通过手持终端机实时查看 BIM 模型，重点关注现场施工技术要点，发现现场工作人员不规范的操作及时做出纠正，避免一般质量问题的发生。施工管理人员能够将现场工程进展图上传至 BIM 平台模型对应位置，项目管理人员能够便捷地实时掌握工程进展情况，实现对工程质量进行远程监督与管控。

采用基于 BIM 技术的数字化信息系统，构建由质检人员、监理人员组成的多级工程质量验收体系，层层把关，对出现的质量问题及时上报和纠正。基于 BIM 技术整合工程质量相关资料，质量管理人员能够结合资料、现场图片以及建筑实体指导开展工程质量管理工作。依托 BIM 技术构建的数字化施工管理平台，将传统的、分散的质量验收工作转换为对项目全过程、全生命周期的质量管控工作，同时质量管理工作产生的相关资料会上传至 BIM 平台并进行存档。通过视频监控系统，质量管理工作人员可以总体把控施工现场情况，检查施工质量管理成效，提高工程现场全过程的质量精细化管理水平。基于 BIM 技术的质量信息管理流程如图 2-28 所示。

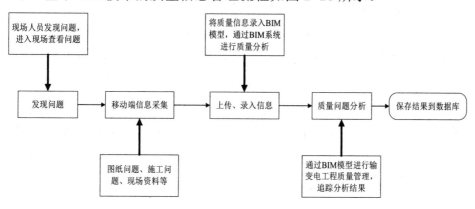

图 2-28 基于 BIM 技术的质量信息管理流程

四、造价与成本管理中 BIM 应用价值分析

（一）BIM 技术在造价与成本管理中的应用

BIM 技术在造价与成本管理中的应用包括以下几个方面。

1. 改善区域局限性问题

基于 BIM 的数据库能够将已建项目的历史数据信息储存起来，这也是 BIM 技术的核心。在对一个新项目进行工程量预算时，可以在数据库里快速地调取所需要的信息，同时减小了造价行业对经验丰富的工程师的依赖性，极大地改善了传统造价管理的区域局限性。

2. 改善成本管理数据的低共享性问题

BIM 技术实现了成本管理数据的高共享性。BIM 在项目的全生命周期都使用一个模型，各个相关的专业技术人员将所负责区域的数据上传至模型后，BIM 后台进行梳理，并将数据进行共享。因此，BIM 模型中几乎包含了所有与项目相关的信息。除此之外，各个参与建设的企业以及技术人员在得到授权后也可以在同一个 BIM 模型中根据各自的需求快速获取信息。BIM 技术的应用不仅有效地保护了数据的完整性，还提高了项目各参与方交流与预先控制的效率。

3. 改善成本管理的非实时性问题

在传统的成本管理中存在着很严重的非实时性的问题，BIM 技术的应用极大地改善了这种传统的非实时性的特点。当市场上材料的价格发生波动时，BIM 技术只需要求管理者将相应的价格进行调整，然后 BIM 的集合运算会对其进行相应的调整。当项目的工程量发生变更时，工程量与施工计划通常也会随之变化，同样地，管理者只需要在模型上进行相应的调整，工程量和施工进度计划便会自动调整。如此看来，BIM 能够使成本管理更具实时性。

4. 改善不同专业成本管理的独立性问题

BIM 技术可以使各专业之间更具有协调性，通过各专业人员在 BIM 的不同建模软件中建立相应专业的模型并导入 BIM 模型综合碰撞检查软件中，可以实现同一专业或不同专业的碰撞检查，能够在设计阶段尽早地发现错误，有效地避免后期设计变更情况的出现。同时可以使不同的专业（例如，土建、安装等专业）很好地结合，在计算工程量时，综合考虑各专业的扣减关系，使得工程量估算的准确性有较大的提升，有利于提高管理的有效性和协调性。

5. 改善各造价算量软件的不兼容性问题

在运用 BIM 技术时，需保证项目的全生命周期的所有操作都在一个模型内，即项目的所有参与方的技术人员可以在软件中根据自己的权限对同一个模型进行操作。因此，各个软件开发公司在开发软件时需要解决兼容问题以及保障计价标准相同，只有这样才能保持 BIM 技术所倡导的工程量计算标准在全生命周期的一致性。

6. 降低生产运维阶段成本

相对于传统的物资管理，基于 BIM 数据库的物资管理系统可以实现各参与方的协同工作、文档管理和共享机制，由此不仅可以大幅度降低因各项办公消耗品（打印纸、打印机等）的开支，还在提高沟通频率的同时大幅度降低有线和无线终端的通信量，减少传真、长途电话等沟通方式产生的开支。

（二）造价与成本管理中 BIM 应用的意义

1. 实现各阶段各参与方的造价管理协调与合作

（1）BIM 可视化管理，促进全过程造价管理工作沟通协调。在传统的造价管理模式下，造价信息在不同的建设阶段以及各参与方之间传递时，容易受到不同专业、不同角度等因素的影响，从而造成了各个参与方未能够完全充分理解同一信息，这种信息理解上的不一致很可能会阻碍项目的进度，给项目的管理者提出了较大的挑战。而 BIM 技术所带来的可视化的转变，打破了传统管理模式的弊端，可视化是将点、线、面的单一构建模式转变为 3D 虚拟的模型，根据项目的进度实时对项目模型进行更新。BIM 技术将各种相应的造价信息与模型中的相应构件、部位进行连接，将数字信息与模型相结合，从时间和空间两个维度上生成造价信息，确保各参与方对造价信息理解的一致性。因此，在建设过程中，管理者可以在该模型中对项目的不同阶段、各参与方之间的造价管理工作进行协调。

（2）BIM 的可追溯性，促进造价管理工作协调。在 BIM 平台体系中，工程各参与方在早期便加入项目中，从项目开始到结束，全生命周期各阶段各类信息、资料、指令均能够得到完整保存，使各类信息具备了可追溯性。BIM可追溯性的特点为各阶段的造价管理工作之间的协调提供了信息依据，同时也清晰界定了项目各参与方之间的造价工作。通过BIM，可以追溯各个阶段、各参与方的职责范围，避免各参与方之间互相推诿责任的状况发生，促使各阶段、各参与方在制订各自计划时均以项目总投资作为目标，更好地实施全过程造价管理工作。

2. 提高工程量计算准确度和计算速度

对于输变电工程，精确计算工程量是工程预算、变更签证控制和工程结算的基础。现阶段使用的将图纸导入工程量计算软件进行计算的方式需要花费造价工程师大量的时间和精力，并且在图纸输入工程量计算软件的过程中容易出现遗漏与误差。BIM技术包含丰富数据的输变电工程的数字化表示，借助这些信息，计算机可以自动识别模型中的不同构件，根据模型内部空间信息，结合扣减规则，统计模型中的各种结构构建的数量。

BIM技术的应用，不仅使得造价工作人员从传统的手工算量的烦琐枯燥的工作中解放出来，还降低了人为因素而导致的错误，符合精准化管理理念。造价工作人员可以把更多的时间与精力应用于更复杂化的工作中（如询价、风险评估、编制精准预算等）。

3. 有效减少或避免设计变更，减少潜在的成本损失

BIM技术通过先进的数字信息技术，结合项目的数据信息，为项目构建可视化的数字模型，无论是具备专业知识的工程师还是非专业人士、业主等人都可以直观清晰地看到设计方案，从而提高了决策的效率。基于BIM技术进行碰撞检查，可优化管线排布方案，不仅能提高施工质量，还能提高与业主沟通的能力，减少返工；基于BIM技术进行虚拟施工，可大大减少建筑的质量问题与安全问题，减

少返工和修改；基于 BIM 技术所展示的三维演示效果图，可以为不具备专业知识的人员（如业主）进行宣传介绍，使得业主对项目方案有了更深刻的了解。BIM 技术的应用还可以有效减少或避免设计变更，降低因返工所带来的成本损失的风险。

4. 支持不同维度的多算对比

工程造价管理中的多算对比对于及时发现问题、分析问题、纠正问题以及降低成本支出有重要意义。多算对比通常从时间、工序、空间三方面进行对比分析，这样有利于发现潜藏的问题。在工程项目中，一般通过拆分、汇总等计算，从空间区域、流水段以及工序三个维度对成本进行分析，从而得到详细的物料消耗量以及造价数据信息。

BIM 5D 技术的支持为多维度的多算对比提供了更加便捷的方法。在 BIM 模型中，对各部分构件进行统一编码，从项目的开始时，便对模型、造价、工序以及时间等不同维度的信息进行绑定和关联。在项目的实施过程中便能对各维度的信息进行快速查找、统计分析和决策，确保多维度成本分析的高效性和精确性，以及成本控制的有效性和针对性。

五、物资和设备管理中 BIM 应用价值分析

（一）BIM 技术在物资和设备管理中的应用

BIM 技术在物资和设备管理中的应用主要有以下几个方面。

1. 建立物料和设备的模型数据库

工程各专业进行三维建模，组合各专业模型，形成汇总的物料和设备的模型数据库，使物料、设备管理相关部门均可进行数据查询与分析，为物料及设备管理和决策提供数据支撑。

2. "BIM+ 物联网" 技术用于物料追踪

通过 BIM 技术提取工程信息模型，按照一定的规则计算物料需求量与采购量，从根本上对物料采购进行管控。对于进场后的材料管控，

可以借助物联网技术进行控制。对于采购的物料进入施工现场准备加工之前，通过物联网技术按照一定的规则提取BIM模型中相应的构件数量，并将提取信息生成识别码并上传至云端，由工程施工现场的生产加工棚下载对应部分，为材料的生产加工做充足的准备。在生产加工过程中，对含有信息的识别码进行扫描，便可得到所需加工材料或构件的信息，根据信息逐一进行生产施工，实现节约物料的目的。

3. 物料库存实时统计

依据材料先进先出原则和材料使用规范，BIM原材料管理软件可以对材料的规格、批次、材料进场时间以及使用时间等进行对比分析，将工程、物机、实验室的材料台账进行入库操作，找出台账笔误；将材料设计数量、进场数量、代表数量及损耗比例与材料数据进行对比，能够查找出各个部门之间存在的问题（如台账数据未同步、未共享等）；通过BIM技术能够便捷地追踪到每一批次的材料规格与具体使用情况，为材料的追溯提供了数据信息保障。

4. 物料供货计划契合度分析

通过BIM软件可以实时统计分析物料供货计划与实际工程需求的契合度，及时发现供货偏差并调整供货计划。

5. 物料风险预控

通过BIM软件可以合理制订采购计划，减少库存，推动领料计划，提升供货质量，满足工程需要。同时根据进度情况准确推算出物料到场计划，利于制造商及时发货，不影响物料到场时间和施工进度。

6. 生产运维阶段资产管理

通过BIM系统对竣工交付后的建筑物及其附属设备、设施等相关资产进行资产管理，明确业主的资产状况，使得资产使用效率大幅度提高，减少资产的闲置与浪费，增强业主效益。

7. 生产运维阶段空间管理

生产运维阶段的空间管理是指对全建筑物的管理，不仅包括范围空间的规划使用管理，还包括建筑物内每个房间的空间数据信息管理以及部门、人员占用、使用类别及属性信息、使用面积、信息变更管理等。借助 BIM 技术，相关的管理者则可以记录空间的使用情况，对现有的空间使用情况进行分析，并合理分配建筑物的空间，使得空间资源的利用率达到最大。

（二）物资和设备管理中 BIM 应用的意义

BIM 技术在物资和设备管理中应用的意义如下。

（1）提高资金使用效率。管理者将 BIM 技术应用于物资管理系统，能够实现物资采购时间的精确管理，避免了资金的闲置与浪费，提高了资金的利用效率。

（2）节约资金。管理者将 BIM 技术应用于物资管理系统，可以实现物资管理的"高""低""严""精"，即高协同、低消耗、严卡控、精管理，为项目节约大量的资金。

（3）节约材料成本。管理者将 BIM 技术应用于物资管理系统，通过对领料流程的精确限额，避免了材料的浪费，节约了材料成本。

（4）节约人力资源成本。管理者将 BIM 技术应用于物资管理系统，根据人均生产力精确确定人力资源需求量，避免了过度的人力资源堆积，节约了人力资源成本与相关的开支。

（5）降低运维过程中的成本。通过生产运维阶段的空间管理和资产管理，提升空间和资产的利用效率，降低生产运维过程中的成本。

（6）实现零库存的管理目标。通过对物料进行实时数据查询和分析，便于合理制订物料需求计划，合理提出供应商供货请求和安装出库计划，避免出现物料现场积压、占用大量资金、停工待料等问题，便于实现零库存的管理目标。基于 BIM 系统的物资管理模型如图 2-29 所示。

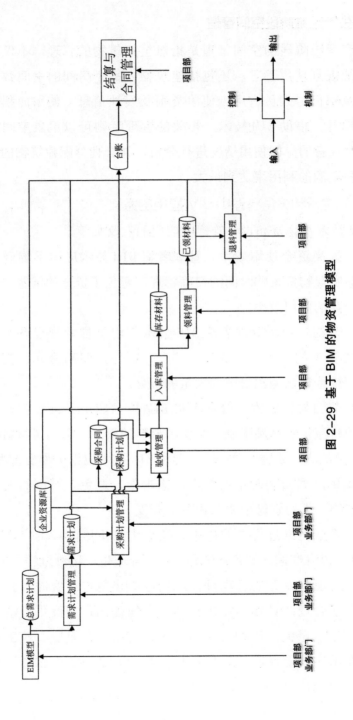

图 2-29 基于 BIM 的物资管理模型

六、档案管理中 BIM 应用价值分析

（一）BIM 技术在档案管理中的应用

BIM 技术在档案管理中的应用主要包括以下几个方面。

1. 实现电子与纸质文档标准化归档

BIM 平台可以预设档案管理要求，在工程各阶段实时自动推送归档内容和相关要求，实现档案归档工作标准化；在工程实施过程中对模型信息、属性信息、管理信息等工程过程信息资料进行分类，形成分类规范，并按照分类原则自动归档。

2. 竣工档案自动归档交付

竣工资料不仅包括图纸、图集、规范、施工方案、设计变更记录等基础资料和问题整改通知记录、相关检验审批、产品合格证、验收记录、施工日志照片等过程资料以及工程交付期间的竣工问题整改单等资料，还包括场地模型、土建结构模型、电气设备模型、变电站模型、复杂节点模型以及本项目的族库模型在内的竣工模型。为了实现输变电工程全生命周期（从设计、施工、竣工交付到生产运维管理）的准总承包管理模式，需要将相关资料进行模型关联，保证后期的运维管理的顺利进行。同时建立项目的数据中心，对资料进行云端存档，保证项目全过程施工信息整合入模型，形成具有归档价值的 BIM 模型。

3. 档案信息快速查阅

通过建立电子文档库（数据库），实现文档信息快速检索及定位，实现快速查阅。BIM 数据中心成果实现了档案信息电子信息化的查询，既方便又快速，在未来必然会成为档案移交的一种新的形式。BIM 数据中心信息还可以实现信息共享，按照保密程度或公开程度和设计单位、勘察单位、建设单位、施工单位、物业单位等实现共享，

甚至政府部门（公检法机关等）也可以共享 BIM 数据中心信息。

4. 档案数字化移交

通过资料与模型的信息交互，将基础资料和过程资料与模型关联，可以提高施工质量的检查标准和效率；当某一环节出现问题时，可以根据信息直接追踪定位到相关具体责任人。再竣工阶段，档案信息按照移交标准自动分类整理，实现真正的数字化档案移交。

5. 材料物流信息管理

依据工程项目的材料使用计划，应用 BIM 模型获取工程相应施工位置所需的各项材料的工程量信息，并依据计划进行采购。材料在出厂前由供应商粘贴二维码，通过移动端跟踪材料从生产—出厂—进场—使用的情况。BIM 平台能够获取并记录材料全过程的物流信息，并且通过模型可以直观地查看施工物料采购流程。

6. 后台数据统计管理

管理人员通过对现场采集的材料采购记录、问题整改通知、表单审批等数据统计分析并总结现阶段工作，及时发现工程管理上存在的漏洞，做出相关调整，并对后续工作做出更精准的规划。BIM 平台可以对现有的内部资料进行数据分类、统计、分析，可以以折线图、饼状图、柱状图等展现内部资料的总体情况。

7. 规避归档风险

BIM 平台的结构化数据库可以对重要资料关联进度，节点到时，如未及时归档，则向档案管理人员发出通知，避免重要资料的遗漏，确保资料的翔实及完备性。

（二）档案管理中 BIM 应用的意义

1. BIM 技术应用于档案管理有助于提升管理效率

将 BIM 技术应用到输变电工程档案管理工作中，能为管理工作自动生成检索编码，为档案管理效率的提升提供了良好的支持。在档案管理工作中，管理人员利用 BIM 技术实施管理工作，在一定程度上突破了传统档案管理的时空限制，管理者可以通过远程操作系统进行档案的管理与搜索，档案管理工作的即时性和有效性得到了显著的提升。BIM 系统能够将档案资料的应用情况进行准确的反馈，有助于提高管理效率，同时也避免了档案资源的丢失。

2.BIM 技术应用于档案管理能够进一步拓展资源建设渠道

一方面可以对输变电工程档案资源实施数字化管理，应用先进的计算机技术建立完善的档案管理数字化系统，使档案的全面搜集整合和集中化管理成了可能，提高了档案管理的水平；另一方面，数字化的应用有利于解决档案管理中经常出现的问题（如部分档案资料难以整合和不按时归档等），促进了档案的整合，从而保障了档案资料的全面性和完整性。

3.BIM 技术应用于档案管理可以促进档案资源共享

BIM 技术应用于档案管理是建立在信息技术得到飞速发展并且在档案管理工作中得到普及性应用的基础上，其改变了传统的管理方式，摒弃了传统的检索系统，使得管理工作更为便捷和安全，极大地提升了管理的通用性，为资源共享提供了相应的支持。具体来说，首先，将 BIM 技术应用于档案管理系统中，能够增强档案资源的安全性，同时为档案管理工作的进一步优化奠定了基础。其次，借助互联网技术实现整个网络内部的档案共享，为档案资源的有效应用提供了相应的保障，促使输变电工程的档案资源管理利用率得到进一步提升。

第三章 基于 BIM 的工程数字孪生方法与实现路径

第一节 工程数字孪生

一、数字孪生的概念

数字孪生的概念起源于英文单词"digital twin"，后来也被称为数字化映射、数字镜像或数字双胞胎。"孪生体"概念在制造业的应用可追溯到 NASA（美国航空航天局）的阿波罗项目。该项目制造了两个完全一样的空间飞行器，一个被用于执行任务，而另一个则留在地球上，以孪生体的身份用于反映执行任务的空间飞行器的状况。

2003 年，Michael Grieves 教授在密歇根大学的产品生命周期管理课程中提出了"与物理产品等价的虚拟数字化表达"的概念，并定义为一个或一组特定装置的数字复制品，能够将真实装置抽象地反映出来，并能够在此基础上，进行真实条件或模拟条件下的测试。这一概念在 2003—2005 年被称为镜像的空间模型（mirrored spaced model），2006—2010 年被称为信息镜像模型（information mirroring model）。

2012 年，NASA 依据飞行器以及飞行系统等，提出数字孪生体明确的定义：数字孪生是指充分利用物理模型、传感器、运行历史等数据，集成多学科、多物理量、多尺度、多概率的仿真过程，在虚拟信息空间中对物理实体进行镜像映射，反映物理实体行为、状态或活动的整个生命周期过程。随后，美国通用电气、德国西门子、

PTC（美国参数技术公司）、达索航空和其他公司在产品开放中也应用了数字孪生体的理念，此后，数字孪生体在学术界和工业界备受关注。 美国 Gartner 公司连续两年（2016 年、2017 年）将数字孪生技术列入当年十大战略技术趋势之一，认为其具有巨大的创造性潜力，未来三到五年内会有数以亿计的物理实体将以数字孪生状态呈现。2017 年 11 月，全球最大的武器生产制造商洛克希德马丁公司将数字孪生列为未来航天和国防军工工业六大顶尖技术之首。2017年 12 月 8 日，在全球智能制造大会上，数字孪生被中国科协智能制造学会联合体认定为世界智能制造十大科学技术进展之一。

二、工程数字孪生的概念

工程数字孪生是指建筑物建造过程中，物理世界的建筑产品与虚拟空间中的数字建筑信息模型同步生成、更新，并且形成完全一致的交付成果。而建筑施工过程，正是实现从零开始的关键阶段。物理世界的真实产品，虚拟世界的虚拟产品，以及使得物理世界与虚拟世界产生精确映射关系所需的数据、信息是电力行业数字孪生主要包括的三个方面的概念。数字孪生应用于建造行业需要数字化模型、实时的管理信息、全面覆盖的智能感知网络，在该目标下，传统模式下信息离散的建造方式已经无法满足要求，因此，必须搭建高度集成式的信息化平台为项目的管理决策提供数据支撑和理论指导，并利用"协同、互联、智慧"的方式来实现建造模式的转变。

通过全面收集、疏通工程建设从策划、设计、招投标、施工、竣工验收到运维管理全生命周期的工程信息数据，并不断将数据赋予到 BIM 信息模型中，以使得模型涵盖的数据不断丰富。通过数字模型的传递减少工程建设各阶段衔接及各参与主体间信息的丢失，提高工程的建设效率。BIM 信息模型通过不断地扩充、整合工程不同阶段用于指导设计、施工、运维等工作的各种信息数据，可提供工程设计阶段所需要的技术信息，以及工程施工工序、进度、质量、计量、安全等所需要的管理信息。

第二节 数字孪生与电网建设管理

随着电网建设规模的日益增大，信息化、数字化技术的不断发展，电网工程建设从信息化逐步迈向数字化、智慧化建设，将信息化手段应用于电网工程建设管理，已成为电力行业发展的共识。

近年来，数字孪生技术在航空航天、车间制造等行业的应用取得了很好的成效。通过借鉴数字孪生技术在其他领域的应用，研究基于 BIM 技术的数字孪生电网建设管理，通过将 BIM 技术与数字孪生技术相结合、BIM 三维信息模型的直接利用以及虚拟与现实相结合的方法，促进电网工程信息化建设。

数字孪生技术的重中之重是物理实体与数字模型之间数据的双向传输和交互。通过传感器将物理实体的建造及运行信息数据传输到 BIM 数字模型，更新 BIM 数字模型的信息数据，然后利用大数据分析、人工智能的技术在 BIM 数字模型中模拟和预测物理实体的运行状况，并将分析处理的结果应用于物理实体，以优化物理实体的运行模式。

1. 促进施工人员对物理实体的理解

数字孪生通过设计工具、仿真工具、物联网、虚拟现实等各种数字化的方法，将电网工程物理实体设备的种种属性映射至虚拟空间之中，形成可拆解、可复制、可转移、可修改、可删除、可重复操作的数字镜像，这极大地加速了操作者对物理实体的理解，可以让许多原本受物理条件限制、必须依靠真实的物理实体而无法完成的操作，如电网工程虚拟建设、进度模拟、虚拟装配、模拟仿真、批量复制等，成为唾手可得的工具，可以激发人们探索、优化电网设计、管理和服务的新途径。

2. 全面分析和预测电网工程建设与运行

现有的电网建设与运行管理很难实现精准预测，因此往往无法对潜在的隐患提前进行预判。而数字孪生可以结合物联网的数据采集、大数据的处理和人工智能的建模分析、BIM 信息模型的三维可视化，实现电网工程建设状况、电网设备现状的评估、对过去发生问题的诊断以及对未来趋势的预测，并给出各种分析和模拟的结果，为电网建设提供更全面的决策支持。

3. 电力设备状态监测与状态检修的一体化

设备状态检修的前提是设备状态监测与状态评价，基于数字孪生与 BIM 的技术，可以有效地采集电力设备运行参数，达到全面控制的效果。数字孪生技术与 BIM 信息模型有效集成，传感器在监测电力设备状态的同时，将信息传递给 BIM 信息模型，该模型能够根据获得的信息判断和预测电力设备的运行情况，分析设备是否有异常运行，判断异常运行是否严重，并预测其发展趋势，对故障发生的早期征兆进行有效识别，辅助相关人员进行管理决策。根据分析结果，BIM 虚拟模型能够对电网资产实体设备发送控制信息，从而能够有针对性地开展维护工作，实现电网设备全方位实时监测与管理，促进电网运行安全。

（4）电力系统外部广域信息监视和预警

外界环境对电力设备的运行有着非常大的影响，根据气象部门提供的气象信息，可以从宏观上获取气象数据。通过数字孪生技术实时采集电力系统外部广域的气象信息，并将物理世界的信息传输到 BIM 信息模型内部，将采集到的数据和易发生的故障气象条件进行比对，通过数学模型以及人工智能技术对短期及中长期设备运行情况进行预测。

数字孪生技术是一个崭新的领域，上述对于数字孪生技术与BIM信息模型相结合应用于电网建设管理的设想还比较浅显，关于数字孪生技术在上述应用场景的分析还不够成熟。未来在电网工程建设管理领域，数字孪生技术具备的功能及价值将不断扩展，最终实现电网工程信息化、智慧化建设，同时数字孪生技术将基于BIM数字模型不断地推动我国智慧城市的建设。

第三节　基于 BIM 的工程数字孪生方法

一、电网工程全生命周期管理信息化任务分解

（一）电网工程全生命周期管理信息化的目标

1. 前期策划阶段

工程项目全生命周期最为关键的一个阶段为策划阶段。在前期策划阶段，信息化需要实现的目标是利用BIM技术的多维度建模方法，开展真实化的虚拟建造，实现对各种方案的预估算精准统计，并通过对不同的投资方案进行经济上和技术上的分析和论证，帮助业主或建设公司进行不同方案的比选，最后选择出最优设计方案。

在进行可视化方案比选时，信息化的目标是满足将比选方案建立的BIM三维可视化数字模型与周边已有环境与建筑物、构筑物等相结合，从环境方面对不同设计方案进行考量，并可以实现对各个方案规划走廊、选址及布局、功能分区、与周围环境的协调程度等形成直接的比对。

在进行三维测量时，信息化的目标是实现对被测项目的全方位测量，包括电力控制测量、电力测设、规划走廊数字化地面信息、数字化线路方案设定、电力线路选线、勘测等功能，完成测量空间的长宽高、区域的面积、建筑物占地面积、建筑物间距离以及土方

体积计算等，确定被测建筑物或者构筑物的三维坐标数据，从而为这些距离、面积、挖方、填方的设计提供合理可靠的理论依据。

在基地现况建模时，信息化的目标是满足 BIM 与地理信息系统（GIS）相结合的要求，实现建筑场地及拟建的工程空间的建模，并通过利用 BIM 和 GIS 软件的强大功能，得到准确可信的分析结果，协助业主或施工方在项目规划阶段针对场地的使用条件及特点进行评价，从而做出新建项目最理想的场地规划、交通流线组织关系、生产布局等关键决策。

在环境评估时，信息化的目标是借助相关软件采集温度及气候数据，然后基于 BIM 数字模型数据利用相关分析软件对气候进行分析，并进行各方案环境影响评估，具体包括日照环境影响、风环境影响、热环境影响、声环境影响、交通影响模拟等评估。前期策划阶段总目标与分目标关系如图 3-1 所示。

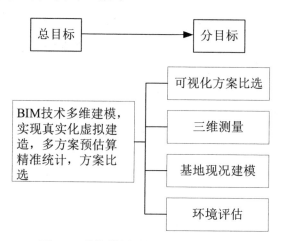

图 3-1 前期策划阶段总目标与分目标

2. 设计阶段

工程设计是工程项目造价控制的关键环节，对工程项目的工期、工程造价、工程质量及能否发挥较好的经济效益起着决定性作用。

在设计阶段，信息化的目标是快速准确地统计基本工程量信息，通过价格信息平台准确地查询劳动力、材料、机械的市场价格，快速编制工程初步设计概算，为限额设计和价值工程分析提供及时准确的数据支撑。

在进行可视化设计时，信息化的目标是通过BIM技术的应用，让参与设计的工程师更精确、细致，更具有表现力地进行虚拟空间内建筑物、构筑物的建造，并能节省大量人力，提高设计效率，完成高品质的设计。最终设计成果的交付是BIM模型，所有平、立、剖二维图纸可依据BIM模型随意生成，由于任意图纸都来自同一个BIM模型，所以所有图纸和图表数据都是互相关联的，也是实时互动的，从根本上避免了由于专业不同、视图不同出现的不一致现象。

在协同设计时，信息化的目标是通过BIM建模技术为协同设计提供底层支持，大大提高协同设计的技术含量，使不同专业的，甚至不同地方的设计人员都能够通过网络在同一个BIM模型上共同工作，各个专业间沟通流畅，信息一致，从而协调设计，提高效率。借助BIM的技术优势，协同效应的范围亦由简单的设计阶段扩展到建筑物的整个生命周期，需要规划、设计、施工、运营等各方的共同参与，因此，协同效应的意义更为广泛，整体效益更为显著。

在进行碰撞检查时，信息化的目标是利用BIM的三维技术减少图像识别的误差，解决不同专业之间的冲突点以及空间与构件之间距离不足等问题。为了减少施工阶段可能出现的错误以及避免返工，有必要在工程实施前进行硬碰撞、软碰撞等检测，提前发现设计碰撞问题，优化设计。

通过设计阶段的碰撞检查，可以提前发现设计问题，避免设计变更。BIM协同设计环境使各专业人员能够在同一个模型中进行设计，各专业之间进行有效沟通，保证工程信息的实时性与唯一性，促进承包商和施工方在模型设计阶段的参与，避免因沟通不足造成设计变更，力求实现工程"零"变更，从而提高设计效率，降低工程成本。设计阶段总目标与分目标如图 3-2 所示。

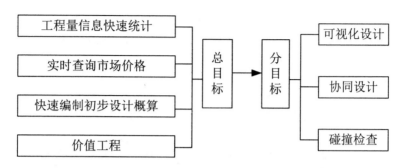

图 3-2 设计阶段总目标与分目标

3.物资供应阶段

物资供应是整个工程项目中特别关键的一个阶段，主要包括材料设备采购以及运输供应，对建设工程项目的完工时间、工程质量和建成后能否发挥良好的经济效益影响重大。物资供应阶段的信息化目标主要是通过形成汇总的物料和设备的模型数据库，使物料、设备管理相关部门均可进行数据查询与分析，为物料及设备管理和决策提供数据支撑。

在材料设备采购时，信息化的目标主要是通过对物料、设备进行编码，实现物码联动，实现对所采购资料的全面管理，做到实时统计和计算，并统计分析物料供货计划与实际工程需求的契合度，及时发现供货偏差并调整供货计划，合理制订采购计划，减少库存，推动领料计划，提升供货质量，满足工程需要。同时，根据进度情况准确推算出物料到场计划，有利于制造商及时发货，不影响物料到场和工程施工，解决因施工现场物料的多样性、庞大性导致核算不准确等问题。

在运输供应时，信息化的目标主要是通过对物资材料的编码，实时了解物资材料在运输过程中的位置、数量以及其他信息。在材料入库时，可以做到物料库存实时统计，对物料进出库实时扫描记录，精准统计库存信息，便于合理制订物料需求计划，合理提出供应商供货请求和安装出库计划，避免出现物料现场积压、占用大量资金、停工待料等问题，助力实现零库存。物资供应阶段总目标与分目标如图 3-3 所示。

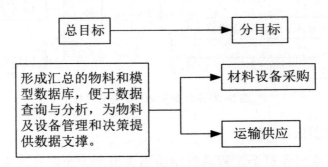

图 3-3 物资供应阶段总目标与分目标

4. 施工阶段

施工阶段信息化的主要目标是将工程项目的进度、成本、资源、管理、物理性能等信息融为一体，为整个项目各方面、各环节提供较为详细的数据信息。参与工程项目的各方人员均可以获得自己想要的每一时间点、每一环节的造价信息，可以实时掌握施工信息以便做出及时的调整，可以更好地控制工程造价。

在进行施工方案仿真过程中，信息化的目标是将建筑工程三维模型和场地布局模型相结合，利用 BIM 技术模拟施工环境和现场布置，同时模拟场地周围环境和噪声污染。在施工开展前，首先在 BIM 模型中进行施工组织设计分析，利用可视化虚拟施工解决施工中的难度较大的问题；其次，利用施工过程模拟，依据施工时间顺序及工序间前后的连接关系进一步地优化施工方案，模拟新技术、新工艺的实施以保障其可行性。

在进行技术交底时，信息化的目标是通过 BIM 技术将复杂节点三维交底以最直观的形象展现出来。传统的施工交底方式就是以文字加图片的形式来交底，这样一种方式很难将复杂的工程形象地表达出来，因此需要依靠人的空间想象能力将建筑物的三维模型在脑海中还原出来，还原的好坏绝大多数取决于工人自身的空间想象能力和业务操作水平。运用 BIM 技术，复杂节点三维交底可以以最直观的形象呈现出来。对于建设项目中的隐蔽工程，采用三维截面功能，形成直观的细部构造模型，使参与者能够以一种形象、简洁的方式理解设计意图，从而能准确指导施工现场施工，大大提高了工程的效率和准确性，避免因重复返工或现场指导不到位而引起不必要的冲突。进行技术交底的目的就是避免在施工过程中因缺乏对图纸的理解而造成的错误。施工阶段总目标与分目标如图 3-4 所示。

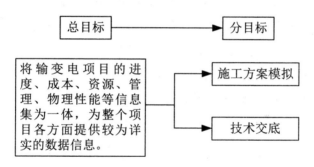

图 3-4 施工阶段总目标与分目标

5. 竣工验收评价阶段

竣工验收阶段的信息化目标是通过 BIM 技术以及 BIM 模型的参数化设计特征，使各类建筑构件既具备几何特点，还具备物理特点，如空间距离关系、地理尺度信息、工程量清单数据、造价信息、建筑元素信息、材料清单信息以及项目进度信息等。随着设计、施工等环节的进行，BIM 模型数据库也在不断更新和完善，设计变更、现场签证等信息不断录入，到竣工移交环节，综合信息量就可以反映竣工工程实体的状况。BIM 模型的精确性确保了各参与主体间沟通的效率，提高了结算速度，更是降低结算成本的有效方法。

6. 运营阶段

运营阶段信息化目标是通过交付与现场已竣工工程相符合的 BIM 建筑模型以及生产运维模型，利用生产运维管理平台实现查询、分析、模拟、预警、处理、决策等功能，为业主和系统平台运维单位提供随时可查询的信息，并且还要实现虚拟生产运维、空间管理、设备资产管理、隐蔽工程管理、应急管理及灾害应急模拟、维护计划、项目性能优化、能源耗损分析、节能减排管理、建筑系统分析等。

（1）在虚拟生产运维时，信息化的目标是通过直观的三维模型动画并结合建筑施工的相关信息来指导复杂的运行维护。BIM 模型可以实现生产运维管理 3D 可视化并进行虚拟生产运维分析。通过 BIM 技术，可以提早进行生产运维演练，对生产运维的流程、方法和生产运维过程的环境进行真实模拟与分析，为生产运维方提供数据报告，生产运维人员也能够更清楚、更透彻地掌握生产运维流程，从而有效提升生产运维效率，节省生产运维成本。

（2）在空间管理时，信息化的目标是通过获取各系统和设备的空间位置信息，将原始数字或文本表示转换为三维图形的位置，使各系统和设备的空间位置信息变得直观，方便生产经营人员查找和确认。利用 BIM 技术可以实现内部空间设施的可视化，通过建立可视化的三维模型，可以从模型中获取和调用数据和信息。如装修、改扩建时可快速获取空间内的管线、机电给排水设施、数据通信、承重墙等设备及建筑构件的相关信息。BIM 可以协助生产和运维管理团队记录空间使用情况，处理最终用户要求空间变更请求，分析现有空间的使用情况，合理分配建筑物空间，确保空间资源的最大化利用。

（3）在设备资产管理时，信息化的目标是通过将 BIM 中包含的大量建筑及设备资产信息导入设备资产管理系统，将所有设备资产最新维护数据更新到 BIM 数据库，来实现信息的共享和重复使用，大大减少系统初始化在数据准备方面的时间及人力投入，降低业主和运营商之间因缺乏互操作性造成的成本损失。

（4）在隐蔽工程管理时，信息化的目标是通过 BIM 技术的生产运维管理，充分考虑污水管网、排水管网、网线、电线及相关管井等复杂的地下管网，并直接在图上得到相对位置关系。当改扩建或二次装修时可以有效避开现有管网的位置，便于管网维修、更换设备以及定位。

（5）在进行应急管理及灾害应急模拟时，信息化的目标是通过 BIM 技术的应急管理系统有效杜绝管理盲区的出现。电力工程项目涉及电力系统的安全稳定运行和相关人员的生命财产安全，对于突发事件的响应能力非常重要。响应和救援是传统的突发事件处理的集中体现，通过 BIM 技术对突发事件的管理主要是预防、警报和处理。此外，可以利用 BIM 及相应灾害分析模拟软件来模拟灾害发生的过程，分析灾害发生的原因，制定避灾措施以及灾后疏散、救援支持的应急计划。当灾害发生后，BIM 模型可以提供救援人员紧急状况点的完整信息，这将有效提高突发状况应对措施的能力。

（6）在节能减排管理时，信息化的目标是将 BIM 与物联网技术相结合，使得每日能源管理监控变得更为便捷。电表、水表、煤气表是具有传感功能的计量设备，通过安装这些计量设备达到实现对建筑能耗数据实时采集、传输、初步分析、定时定点上传等功能的目的。除此之外，还能够实现室内温度、湿度的远程监测，分析室内实时的温湿度变化情况，配合节能运行管理。在管理系统中可有效采集所有能源信息，利用能源管理功能模块对能源消耗状况进行自动计算分析，并对异常能源使用情况进行警告或标识。运营阶段总目标与分目标如图 3-5 所示。

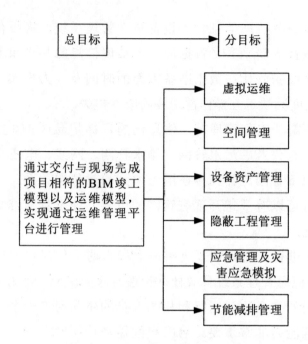

图 3-5 运营阶段总目标与分目标

BIM 技术作为一种应用于工程设计和施工管理的数据工具，通过参数化模型集成各种各样的项目信息，在项目的策划、设计、实施、运维整个生命周期过程中利用 BIM 技术进行信息的共享与传递，使工程技术人员能够理解和有效应对各种建筑信息，是设计团队和包括施工单位在内的各方建设主体协同工作的基础，在提高建造效率、降低造价和缩短工期等方面具有举足轻重的作用。在整个生命周期的各个环节中，每一环节都有各自环节信息化的总目标和分解目标，这些目标的制定最终服务于项目的质量、成本、进度、安全等管理目标。借助多个 BIM 模型全面采集工程项目数据信息，对建设工程项目全生命周期、全参与方、全环境、全要素等多方位属性信息进行编辑、存储、传输、分析、融合，实现对工程进度、质量、造价、安全、信息化等各个方面的全覆盖管理，提高项目管理工作效率，最终实现建设项目的各项期望，全生命周期各阶段与管理目标如图 3-6 所示。

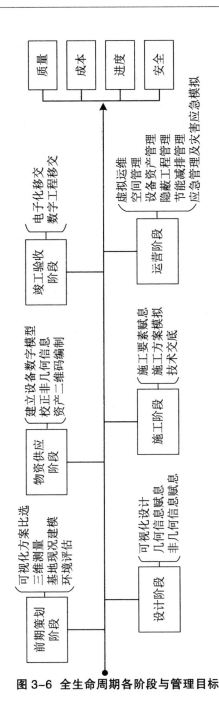

图 3-6　全生命周期各阶段与管理目标

（二）电网工程全生命周期管理资产 WBS 分解

随着输变电项目建设逐渐深入，各阶段的项目任务和目标不同，相应的资产需要达到的深度和颗粒度也有区别。通过梳理各阶段工程建设要求，确定输变电工程全生命周期各阶段资产的深度和颗粒度，根据深度和颗粒度对输变电工程资产进行 WBS 分解。本节以变电站工程为例，对其全生命周期各阶段资产单元进行 WBS 分解。

1. 前期策划阶段

前期策划阶段须对输变电工程项目建设的必要性、建设方案、建设规模及投入生产年份进行充足的分析及论证，提出系统推荐方案、远景规模和本期规模，对输变电工程建设的可行性进行分析。因此，本阶段对输变电工程资产分解的深度要求较低，资产单元划分的颗粒度较为粗略。前期策划阶段输变电工程资产 WBS 划分如图 3-7 所示。

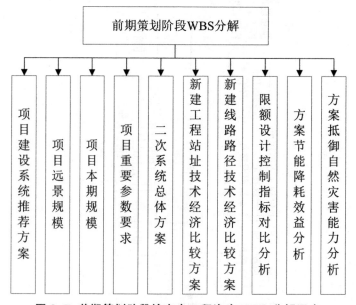

图 3-7　前期策划阶段输变电工程资产 WBS 分解深度

2. 设计阶段

在输变电工程设计阶段，设计单位的设计文件需要满足设备材料采购、施工招标、业主单位管理、施工和竣工结算的要求，方便竣工验收，并且需要达到业主所规定的设计深度、资产精细度。本部分依据设计阶段输变电工程资产单元要求的深度和颗粒度，对资产单元进行 WBS 分解，将输变电工程分为发电机电气、变压器、配电装置、母线和绝缘子、控制继电保护屏、交直流电气、起重设备电气装置、电缆、照明及接地、自动控制装置及仪表和其他装置及仪表调试 11 个部分，然后针对每个部分分别分析其设计阶段所应该达到的资产深度和颗粒度，将其分解为详细的资产单元。设计阶段某输变电工程资产 WBS 分解图如图 3-8 所示。

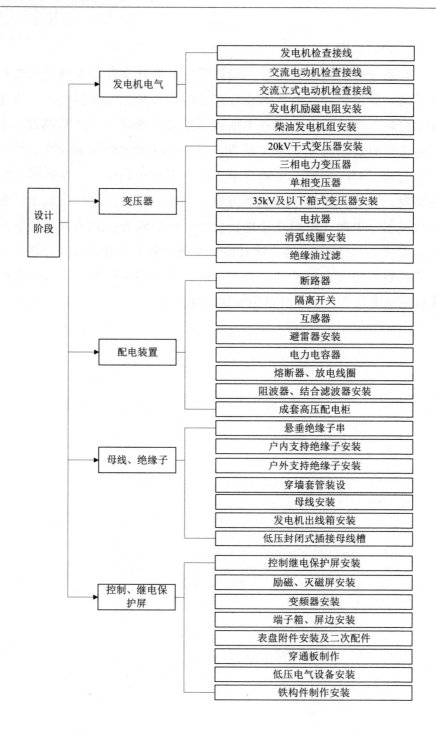

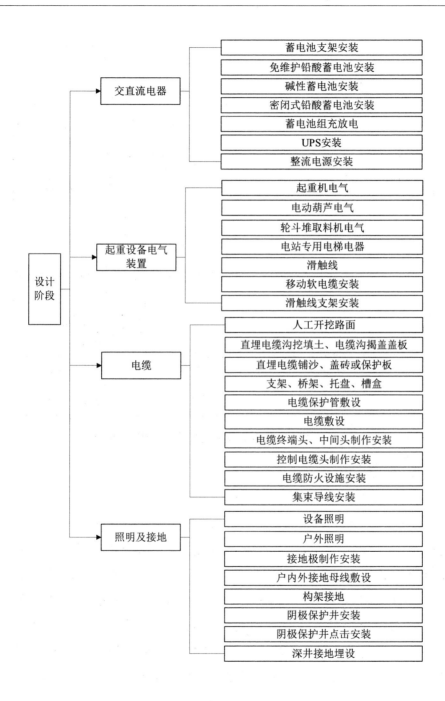

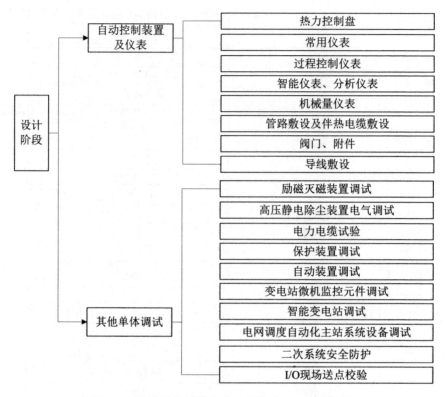

图 3-8 设计阶段某输变电工程资产 WBS 分解图

3. 施工阶段

将某输变电工程作为一个例子，进行施工阶段输变电工程资产 WBS 分解。首先将施工阶段变电工程划分为输变电建筑工程、变电安装工程、开关站建筑工程、开关站安装工程、串联补偿站建筑工程、串联补偿站安装工程、静止无功补偿建筑工程、静止无功补偿安装工程、调相机建筑工程、调相机安装工程和通信安装工程 11 个单位工程，如图 3-9 所示。然后再分别将其所包含的资产用 WBS 划分为详细的资产单元，此阶段资产单元的精细度最为细致，分解的深度最高。施工阶段某变电安装工程资产 WBS 分解图如图 3-10 所示。

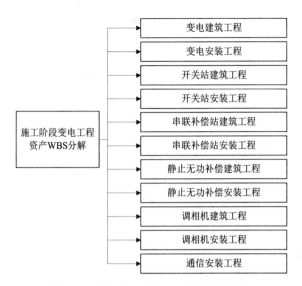

图 3-9 输变电工程施工阶段整体划分

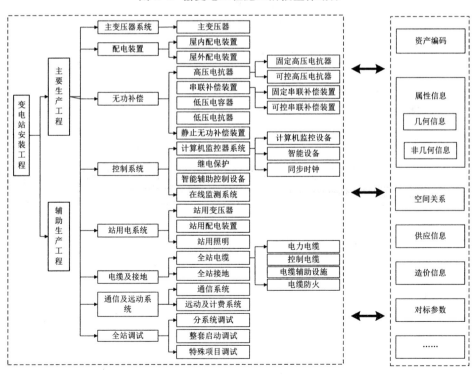

图 3-10 施工阶段某变电安装工程资产 WBS 分解图

4. 竣工阶段

输变电工程竣工阶段分为单项工程验收、系统调试、试运行和工程移交四部分。单项工程验收即在施工和监理单位分别验收合格的基础上，项目法人组织有关单位对工程质量合格与否进行确认，是将设备接入电力系统进行带电考核之前的验收；系统调试是在全部单项工程验收合格并具备带电条件后，将设备接入电力系统，并按照批准的方案进行的一系列带电试验和测试，以检验电气设备各项指标和性能是否能够达到设计需要；试运行是在投入商业运行前将设备接入电力系统，在规定时间内，检验设备在连续带电运行状态下，各项性能指标是否满足设计要求的过程；工程移交是在试运行合格后将工程移交给生产运维单位。

输变电工程竣工验收即是对施工阶段所划分的资产单元进行验收，因此，竣工阶段资产 WBS 分解深度与施工阶段一致，不再对竣工验收阶段资产单元进行 WBS 分解。

5. 生产运维阶段

输变电工程生产运维阶段资产单元 WBS 分解与施工阶段的侧重点不同，由于施工阶段作为输变电建设工程重要的环节之一，是将设计阶段的图纸转换为工程实物，因此其资产单元 WBS 分解的颗粒度最精细；但生产运维阶段输变电工程的主要任务是对变电站和线路的运行和维护，主要包括运行中的日常巡视检查，相关数据、参数、设备运行的记录及汇报；设备使用过程中出现隐患、缺陷等问题的统计、汇报和处理；设备出现故障或停运时的检修以及突发性情况下的抢修等工作。因此，生产运维阶段资产 WBS 分解主要面对生产运维工作人员，根据其日常工作内容对其资产单元做 WBS 分解，变电站生产运维阶段资产分解为一次主设备、二次设备、站用系统、防闭锁装置四大类，具体的资产 WBS 分解如图 3-11 所示。

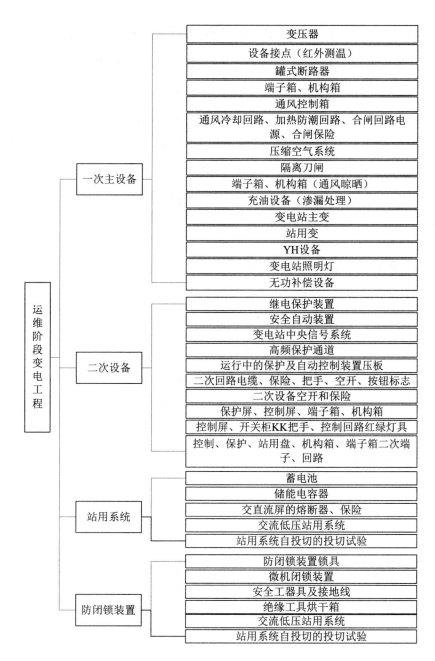

图 3-11 生产运维阶段输变电工程资产 WBS 分解

二、电网工程全生命周期管理信息化组织与协同管理

（一）电网工程全生命周期工程管理信息交互关系

输变电建设工程本身具备成本高、技术难度大、涉及范围广、数量众多、建设时间较长等特点，在工程实施过程中可能受到前期设计、制造机械、周围环境等各类因素的影响。同时，在项目开展过程中工程管理信息众多，涉及项目全参与方、全要素、全过程管理的工程信息，项目管理人员需要定期或不定期地收集、分析项目最新相关数据，方便自身及其他项目各参与方使用，并确保信息传递的完备性、精确性以及及时性。

在输变电工程项目施工过程中，各阶段工程管理信息、各参与方并不是相互孤立的，而是各阶段信息紧密衔接，各参与方相互了解、彼此交流，从而实现各种信息流的及时、准确传输与共享。因此，工程管理信息具有交互关系，主要体现在数据信息之间的贯通与孪生、基于工作的信息流传递几方面。本节着重从全生命周期工程管理信息内容及其交互关系来阐述。

1. 输变电项目全生命周期工程管理信息

按照项目各阶段建设内容的不同，将输变电工程管理信息从项目全生命周期的角度分为项目前期策划阶段信息、设计阶段信息、采购阶段信息、施工阶段信息、竣工验收及评价阶段信息、项目运营阶段有关信息。输变电项目全生命周期工程管理信息见表 3-1。

表 3-1 输变电项目全生命周期工程管理信息

阶段	信息内容
前期策划阶段	批准的项目建议书，可行性研究报告，勘察设计，监理招标申请书，工程备案资料，工程建设管理纲要，地形、地质等气象条件资料，国家及地方有关的输变电工程技术要求及指标
设计阶段	①初步设计文件。包括建设项目的规模、总体规划布局、结构形式，各种设备、材料清单，建设工期、项目概算，各种技术经济指标。 ②技术设计文件。包括施工工艺要求、工艺流程、设备选型等。 ③施工图设计文件。包括施工总平面布置图、建筑物施工平面图及剖面图、施工详图、各类设备安装详图、各专业工程施工图以及各种使用材料设备的明细表（型号、数量及符号）。 ④设备材料清单及技术规范书。设计单位要向建设单位提供设备材料招标清单及技术规范书

续表

阶段	信息内容
物资供应阶段	①物资供应合同、技术协议。 ②物资供应计划文件。 ③设备、材料采购清单。 ④厂家运输、供货计划
施工阶段	①施工招投标文件。包括投标邀请书、投标须知、合同双方签署的合同协议、合同条款、中标通知书、工程报价单、施工合同、合同补充文件等。 ②开工准备文件。包括"三证一书""四通一平"文件。 ③工程项目施工信息。包括施工进度计划、施工组织设计、施工技术方案、施工日志、施工会议纪要、工程变更、签证、施工班组安排表、安全质量管理方针等。 ④工程项目完成目标信息。包括工程实际进度完成表、工期计划、施工进度记录、工程进度款支付单、质量控制目标、安全施工要点等。 ⑤施工阶段性检查信息。包括隐蔽工程验收检查信息、施工记录检查、工程质量抽查、监理验收记录等
竣工验收及评价阶段	①竣工验收信息。包括竣工验收申请、工程质量评估报告、预验收报告、质检意见书、工程竣工验收报告等。 ②工程结算信息。包括各单位财务支出凭证、结算报审表、工程结算、审价报告等工程费用信息。 ③工程评价信息。包括工程后评价报告、创优结果文件等
生产运维阶段	①工程施工方向业主移交的交接信息。包括竣工文件、保修文件、设备使用、维修说明等。 ②工程投运信息。包括工程投运移交证书、启动投运资料等。

在前期策划阶段，须参考有关文件要求，根据项目可行性研究报告以及建设管理单位确定的工程建设目标制定施工管理大纲。施工管理大纲制定完成后须报给建设管理单位进行审批。建设单位工程建设处负责组建业主项目部，依据可行性研究批复、现场踏勘熟悉各项目建设内容。业主项目部依据编制的里程碑计划来进一步分解细化项目各实施环节和完成目标，编制进度控制计划、工程建设管理纲要和工程创优策划，报建设单位审核批准。并由建设单位工程建设处向工程建设部技经处提交勘察设计、监理招标申请。总体来讲，在输变电工程项目前期策划阶段，工程管理信息主要来自项目正式开展前的可研批复文件、投资规划、项目备案、招标申请、项目地质等资料文件，着重了解项目初始基础资料信息。对业主以及其他项目参与方来讲，是项目的起始信息。

在设计阶段，基于前期策划阶段中建设单位工程建设处提交的勘察设计招标申请，建设处与中标设计单位签订设计合同后，由设计单位编制初步设计、技术设计及施工图设计文件及图纸，向建设单位提交审核和评审申请。设计单位依据初设评审纪要和初设批复，编制设备材料招标清单及技术规范书。因此，设计阶段输变电工程项目管理信息主要来源于各种设计图纸及文件档案资料，包括总平面布置图、施工详图、各类设备安装详图、材料设备型号及数量等。此阶段与前期策划阶段的联系之处在于设计阶段要依据前期策划阶段确定的项目设计任务书和可行性研究报告来编制各类设计文件。

在物资供应阶段，对于输变电工程项目的设备材料供应由电力部门的物资供应公司负责。依据设计阶段设计公司编制的设备材料清单和业主项目部编制的物资供应计划，由物资供应公司组织进行设备材料招标，组织建设单位和中标设备厂家签订技术协议和合同，最终形成物资运输、供货计划，使得厂家按期供货，不影响施工阶段各分部分项工程施工。此阶段的工程管理信息多为设备材料型号、数量、供货厂家及供货日期等数据信息，反映整个输变电建设项目全过程用到的各种设备材料信息，是设计阶段设备材料清单信息的详细化，体现了全生命周期工程管理信息的贯通交互关系。

工程施工环节是工程实体建造的重要环节。此环节工程管理信息涉及种类多、来源广、变动快、信息量较大。在工程建设处组织开展"四通一平"工作，取得"三证一书"，并完成施工招标以此确定施工班组之后，由施工队伍结合业主项目部、工程建设处等单位，开展以下工作。

（1）工程开工前，推动属地公司促请政府召开工程前期协调会；配合及协助相关单位完成开工手续办理。

（2）核查并跟踪工程开工手续办理情况，审批开工报审手续，落实标准化开工条件，按要求填写标准化开工审查管控记录表和工程开工报审管控记录表。组织召开第一次工地例会，完成会议纪要。

（3）跟进工程进度，每一周协调工程进度，每个月召开月度例会，及时协调工程建设及合同执行过程中出现的种种问题，完成会议纪要并跟踪落实。

（4）推动属地公司做好项目建设外部协调和政策处理工作；协调有关单位处理好青赔、拆迁等各类问题。重大制约性问题上报建设管理单位。

（5）物资协调联系人跟踪设备、材料的生产进度和供货情况，及时向建设管理单位报告物资供应质量情况和影响项目进度的问题。按要求填写物资供应管控记录表并报送业主项目部。

（6）组织、参与工程验收和开工试运行，监督质量缺陷的闭环整改，在基建管理信息系统中上传验收报告。编制输变电工程启动竣工投产签证书；填写中间验收管控记录表、竣工预验收管控记录表、启动竣工验收管控记录表。

在竣工验收及评价阶段，输变电工程项目由建设单位组织成立工程启动验收委员会，提出竣工验收申请。工程通过质检站验收后由质检站下发"并网通知书"，若不符合要求则由施工单位组织整改，最后建设单位出具"竣工验收报告"，并依据创优细则对此输变电工程项目进行评价创优。此阶段的工程管理信息属于项目结尾总结信息，主要来源于工程验收报告中对于工程达标情况、验收是否合格的数据信息。结合前期策划、设计、采购、施工过程中各参与方传递的各类信息总和，得到竣工验收阶段的验收信息。

在生产运维阶段，工程管理信息主要是建设队伍向业主移交工程竣工资料、设备维修说明、启动投运资料等，属于输变电工程项目的生产运维信息，可用于衡量项目建设的质量、运行效果好坏。

2. 交互关系

工程管理信息交互关系指的是在工程整个生命周期实施过程中，来自项目不同参与方、各组织的不同工程信息之间不是相互孤立的，而是存在各种信息流动、传递、沟通与协同关系的。不同参与者间需要就自身了解的项目信息进行交换，各种数据流、信息流、资金流、工作流贯通于整个项目建设全生命周期的各个阶段，各类工程管理信息的交互关系主要体现在数据信息之间的贯通与孪生、基于工作的信息流传递三个方面。

（1）数据信息贯通

数据信息贯通指的是工程管理信息并不是单一存在的，而是从项目建设的整个全生命周期都贯通存在的，而且具有从全局到局部、从粗略到详细的特点。例如，施工图设计图纸数据信息形成于设计阶段，然而此信息的诞生需依赖于初步设计图纸信息、技术设计、项目前期策划的可行性研究报告等诸多信息。形成施工图设计图纸数据信息之后，传递给施工项目组人员，施工人员依据图纸施工，整个施工过程都离不开施工图设计图纸。并且，出现设计变更等不符合原本设计图的情况时，施工人员还需与设计人员协调沟通，更改设计图纸，体现了项目设计信息的贯通。

除此之外，数据信息贯通还体现在人员之间、组织之间的沟通、协同管理方面。任何一个项目的建设都离不开设计、施工、建设单位、监理单位等许多部门的协同合作与管理，输变电工程建设也类似，各项目组人员互相沟通项目信息，形成完整的项目数据，人员之间的贯通也侧面反映了数据信息之间的贯通关系。

（2）数据信息孪生

数据孪生指的是在建设过程中，物理世界的建筑成品与虚拟空间中的数字建筑信息模型同步生产、更新，形成完全一致的交付成果，主要体现在施工过程中利用高度融合的信息化管理平台中的数字化模型、管理信息和智慧感知网络等，为项目管理决策提供数据支持和指导。

在输变电工程项目全生命周期管理过程中，施工阶段通过利用BIM技术形成可视化的三维立体工程实体模型，与施工过程同步更新，出现施工变更、工程材料改变等情况时，一边形成文件档案资料，一边在模型中进行修改，保证虚拟空间中的管理信息与施工现场实际数据信息相一致。另外，施工过程中的数字孪生还体现在对于场地中"人、机、料、法、环"五个要素信息的采集和管理，依靠交互、感知、决策、执行和反馈，将信息技术与施工技术相结合，实现建造过程中的真实环境、数据、行为的三个透明化，推进施工现场管理智能化、生产智能化、监控智能化、服务智能化。

总体数据孪生层面包括三个大类，即图纸及构件信息、生产及环境信息和过程管理信息。图纸及构件信息通过设计人员在设计阶段形成，传递给施工管理人员，出现设计变更等情况时，设计与施工紧密沟通，同时更新项目信息，使得整个建设过程实际与管理系统信息相吻合，促进信息化管理的应用。生产及环境信息形成于施工阶段，通过视频监控系统准确把握施工情况及环境优劣，有助于加快工程进度，避免出现安全问题。过程管理信息比较繁杂，包括施工班组、施工材料及机械、监理人员、施工管理人员等在工程建设过程中形成的各式文件资料、照片、视频、施工日志、清单等。特别是施工材料及机械设备，从设备购买、运输到现场，使用人员、使用时间段等详细信息都是伴随着工程建设过程而产生的，在管理系统平台上将以时间轴为顺序同步产生。

（3）基于工作流的信息传递

在输变电工程建设项目管理信息交互关系中最普遍的就是基于工作流的信息传递，从策划阶段项目可行性研究报告、设计图纸、采购材料设备清单再到施工进度、质量、安全、费用管理信息，是基于整个工程建设工作流程进行的。在建设过程中，项目数据相互关联、互相传递与共享。项目数据关联图如图 3-12 所示。

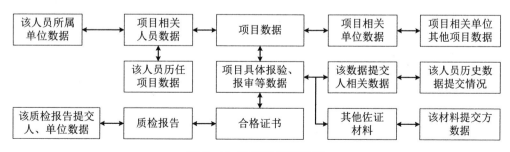

图 3-12 项目数据关联图

　　各参与方，包括施工企业、监管单位、建设单位、监理企业、勘察设计单位、分包单位、设计单位共享项目施工数据，如图 3-13 所示。

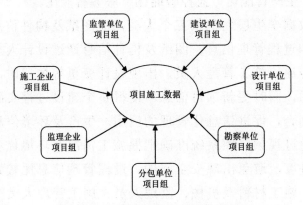

图 3-13 项目各参与方多级数据共享

　　基于工作流的信息交互关系还体现在建设工程各阶段的文件资料传递过程中，例如，施工资料的传递过程如图 3-14 所示。整个信息交互过程是基于规定的工程审批流程和建设程序进行，文件资料信息在整个过程中达到共享和最终存档的目的。

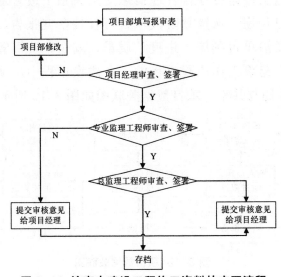

图 3-14 输变电建设工程施工资料的交互流程

（二）电网工程全生命周期管理信息化协同与 OBS（组织分解结构）设计

1. 电网工程全生命周期管理信息化协同管理

协同是指运用对多个不同的个体和相关的资源进行统筹协调，在互相依赖与资源共享的基础上共同实现计划目标。岗位划分精细、参与人员众多以及工程信息量巨大作为项目建设过程中的必要信息，对其进行存储、传递与共享是协同管理实施的必要条件。运用云计算技术实现协同管理过程中信息的计算、存储和传递，是为工程施工协同管理的实施提供相应技术环境的重要手段。因此，在云计算环境下，借助互联网可以让 BIM 软件成为一个协同管理平台，对项目建设的各个不同专业岗位进行协同管理，使项目建设过程中平台信息对各专业岗位人员实现共享，接受协同管理平台上传下达的任务，进而实现协同工作的目标。

各省市成立建设领导小组，由科技信息部门作为牵头单位，成立跨专业的工作组织机构。建立跨专业的协同工作机制，强化统一规划和设计，强化业务和技术协同能力，促进技术和管理并重，充分发挥基层作用，统筹开展联合设计研发和应用推进工作。合理规划总部统一组织建设和各单位独立组织建设项目，强化配套与衔接，增强资金投入产出效率。优化调整管理、研究、建设和运营组织机构，按照内部人才培养与高端人才引进相结合的策略，加大自主化、复合型、专家型人才队伍建设力度。

通过基建全过程工程数据中心进一步深化专业数据共享，打破业务壁垒、消除数据孤岛，实现公司体系内关联业务数据信息的唯一来源、全面共享，做到跨专业信息紧密关联，进一步推动公司关联业务协同全面实现在线流转，实现公司体系内数据应用一体化、业务管理透明化、跨专业协同简单化。如与发展协同项目前期工作，与运检协同竣工移动工作，与物资协同招标采购工作，与财务协同预算、过程结算和转资工作，与档案协同工程档案归档工作，与调度协同停电管理工作。

在 BIM 出现之前，协同只是简单的文件参照。现在，BIM 技术为协同设计提供底层支撑，大幅提升协同设计的技术含量。凭借 BIM 的技术优势，可以使协同的范畴从单纯的设计阶段延伸到建筑的整个生命周期，需要规划、设计、施工、运营等各方集体参与其中，因此具备了更广泛的意义，从而大幅提升综合效益。在工程施工协同管理中将 BIM 技术与物联网进行技术集成并应用，能够帮助工程施工协同管理，使项目建设过程中的成本、进度、质量和安全得到更为精细化地控制和管理，甚至能够帮助施工企业加强对参与项目建设的各分包方的协同管理。对于协同管理而言是增加了管理层面，对于物联网技术而言，所形成的子系统并没有完全与协同管理系统融合，还需要对顶层平台层与应用层进行深度优化，使物联网技术贯穿协同管理的全过程，这些还需要在实际工程建设当中继续不断实践探究。

2. 云计算环境下基于"BIM+ 物联网"的工程施工协同管理

云计算技术所具备的无限存储和强大计算能力已然成为当今信息化时代发展强有力的推手，在各行业得到日益广泛的应用。对于工程施工协同管理而言，云计算技术可以为工程项目建立信息的存储池，对其存储的数据进行深度分析与计算，解决工程项目信息太过庞大、零碎不整和存储的问题，从而实现了数据在项目建设过程中传递和共享给各参与方的目的。实现工程施工协同管理的首要问题就是信息和人员的协同，而云计算技术本身所具有的上述特性能够很好地解决信息协同问题，通过互联网平台搭建出一个跨地域的智能存储与分析的环境（图 3-15），成为实现工程施工协同管理的根本保证。

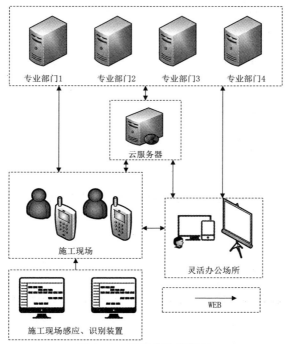

图 3-15 云计算环境搭建

3. 云计算环境下基于"BIM+ 物联网"的协同管理机制

为了充分发挥物联网技术的优势，体现其在工程施工协同管理过程中的作用，需要对工程施工协同管理的管理机制进行再设计，在协同管理机制当中融入常见的物联网体系架构（图 3-16）。由管理层将岗位划分、权限设置以及制定的各项管理指标下发至各专业岗位，分别落实并开始工作；按照各专业岗位需要承担的责任开展模型组建、进度制作、成本预算等工作，之后将数据上传至云加密存储层，依照权限进入云加密存储层获取需要的项目信息。同时为施工方布置施工管理任务，现场控制处理层负责任务接收和指标监督控制工作；在项目建设过程中，通过物联网技术下先进的现场感应设备构成的施工现场感应层，对施工状态中的劳务人员、施工材料、施工机械、项目实际进度、质量与安全进行观测和数据收集，再利用数据传输层将数据传输至云加密存储层，可为各专业岗位提供查看和调度数据以及调整施工计划的综合平台。由此可见，在云计算环境下建立"BIM+物联网"的工程施工协同管理机制，可以形成从工程设计到运维管理的全过程信息流的闭合回路，实现信息的协同运作以及虚拟与现实的协同管理。

4. 输变电项目全生命周期管理 OBS 设计

OBS（组织结构分解），是以项目所需的人力资源为基础，按照任务分工（管理与实施）与类别（规划、设计、物资供应、施工、竣工验收、运营等）进行层级的设计。将来自相关部门或单位的项目成员与工作包分层次、有条理地联系起来。

OBS 的总体分解思路主要是对参与项目的各方进行组织结构分解。OBS 以各参与单位为主体，将业主方、设计方、采购方、施工方、监理方、生产运维方等各个单位在项目层面的组织结构进行分解，深入分析各参与方与项目之间的关系，进而为整个输变电工程项目协同管理、实现项目信息化协同管理奠定组织基础。

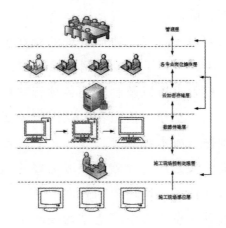

图 3-16　云计算环境下基于"BIM+物联网"协同管理机制

OBS，要建立领导小组、工作组（专业组和技术组）、总体组、专业小组的四级工作体系，统筹推进各项工作开展。成立工作领导小组，各部门相关负责人担任成员，负责审议重大方案，协调跨部门问题，决策重大事项；定期召开领导小组会议，听取工作小组汇报；成立由施工单位牵头的工作组，包括业务组和技术组，明确各相关职能部门及人员职责，组织落实领导组的各项部署，协调推进项目工作开展；成立总体组，负责整体信息化项目架构，统筹各专业小组工作安排。制定数据资源标准，梳理输变电工程数据资源管理流程。BIM 协同管理领导小组结构及 BIM 协同管理领导小组矩阵式管理结构如图 3-17、图 3-18 所示。

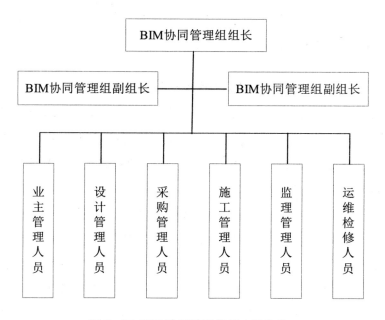

图 3-17 BIM 协同管理领导小组结构

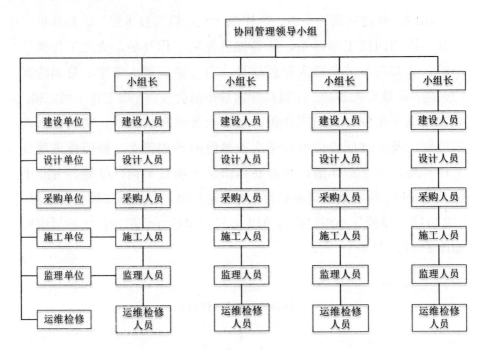

图 3-18   BIM 协同管理领导小组矩阵式管理结构

设计、施工、业主、采购、监理、生产运维等各单位都须组建 BIM 协同管理部门，安排相应工作人员负责各领域信息化建设管理，以提升工程的科学管理水平，保证工程的顺利建设。BIM 协同管理各部门都需采用矩阵式管理结构。

业主项目部在原有组织结构基础上成立 BIM 协同管理部门以参与项目实施，包括各职能岗位人员，负责输变电项目施工阶段的全面信息化建设，进行工程施工过程中的管理工作。如质量控制、技术控制、安全控制、造价控制、物资协调等，实现施工建设信息化的目标，为输变电项目全生命周期信息化管理打好基础。业主项目部组织结构如图 3-19 所示。

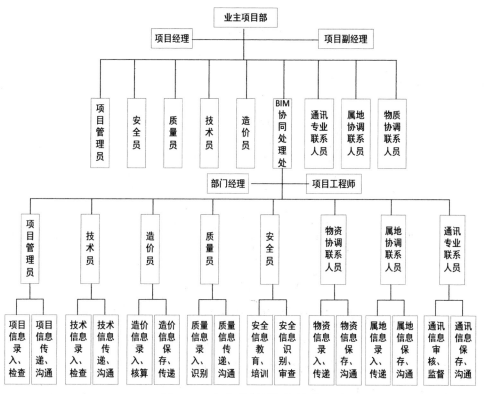

图 3-19 业主项目部组织结构

　　为更好地实现协同管理，设计院需要在原有组织结构基础上成立 BIM 协同管理部门，包括 BIM 各专业设计人员、BIM 文件管理人员、BIM 综合管理人员等，组织结构如图 3-20 所示。该部门主要进行输变电项目设计阶段全面信息化的构建工作，搭建输变电项目 BIM 多维度信息模型，实现文件管理信息化，为输变电工程项目全生命周期信息化管理打好基础，发挥良好的领头作用。

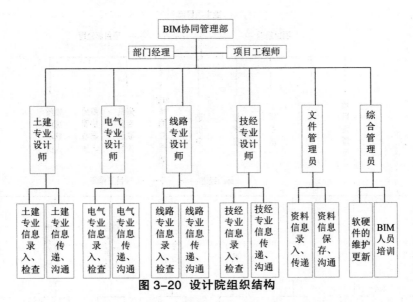

图 3-20 设计院组织结构

　　施工单位在原有组织结构基础上成立 BIM 协同管理部门，包括各职能岗位人员，负责输变电项目施工阶段的全面信息化建设，协同进行工程建设过程中质量控制、安全控制、造价控制等协同管理，实现施工建设的信息化，为实现输变电项目全生命周期信息化管理的目标打好基础。施工单位组织结构如图 3-21 所示。

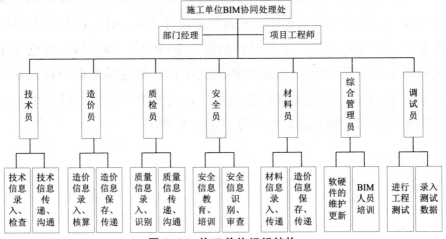

图 3-21 施工单位组织结构

监理单位在原有组织结构基础上成立 BIM 协同管理部门，包括各职能岗位人员，负责输变电项目施工阶段的全面信息化建设，协同进行工程建设过程中土建专业、电气专业、专职安全控制、线路专业、技经专业等监理工作，实现了施工建设的信息化，为输变电项目全生命周期信息化管理打下了良好的基础。监理单位结构如图 3-22 所示。

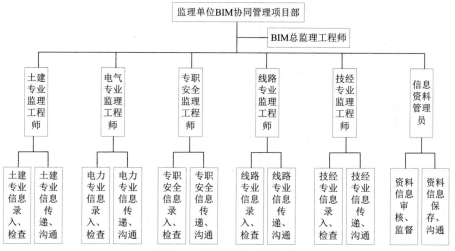

图 3-22 监理单位组织结构

在项目建设过程中，各阶段信息紧密连接，各参与方相互了解、彼此交流，设计、施工、建设、监理等许多部门进行协同合作与管理，项目组人员针对项目信息进行沟通，形成全面完整的项目数据。以施工阶段为例，按照各参与单位的信息关联关系建立信息传递关系矩阵，反映项目参与单位之间的信息传递情况。表 3-2 为施工阶段的信息传递关系矩阵，其中每一行和每一列交点上的数字表示两者之间是否存在信息传递，1 代表两者之间存在信息传递，0 代表两者之间不存在信息传递。如业主项目经理和技术员两者所在行和所在列交点数字为 1，代表两者之间存在信息传递关系。

业主项目经理													
1	安全员												
1	1	质量员											
1	0	1	技术员										
1	0	0	1	造价员									
1	1	1	1	1	通讯专业联系人员								
1	0	0	0	0	1	属地协调管理人员							
1	0	0	0	0	1	0	物资协调管理人员						
1	0	0	1	0	0	0	0	总工程师					
0	0	0	0	0	0	0	0	1	专业副总工程师				
0	0	0	0	0	0	0	0	1	1	主任工程师			
0	0	0	0	0	0	0	0	1	1	1	工程师		
0	0	0	0	0	0	0	0	1	1	1	1	设计员	
0	0	0	0	0	0	0	0	1	1	1	1	1	文件管理员

表3-2 信息传递关系矩阵

第四节　基于 BIM 的工程数字孪生实现路径

一、电网工程全生命周期资产单元划分与编码

固定资产是指电网企业能够在若干年的生产经营活动中发挥作用，并有规定标准以上的单位价值，还能保持原有的实物形态。输配电设备、变电设备、供电设备、调度通信自动化设备以及与生产经营活动有关的检修维护设备、运输设备、生产管理用工器具、房屋和建筑物等都属于固定资产。

设备资产编码作为设备资产管理的坚实基础。资产代码不仅便于对企业资产设备进行维护和管理，而且是适应现代化形势下企业信息管理的重要手段。其所掌握设备资产的类别和属性通过编码得到充分体现。

资产全生命周期管理把资产作为研究对象，从系统的整体目标出发，统筹考虑电力公司输变电资产的规划、设计、采购、建设、运行、维修、更改、报废等全生命周期。

对输变电工程全生命周期资产单元划分与编码标准进行研究，需要首先对电网企业的资产单元进行合理划分，在资产单元划分的基础上，确定资产单元的编码规则。以输变电设备信息管理为基础，顺应智能电网的物联网化发展趋势为前提，依据电网公司现有的输变电设备编码规则与国内外现已公布的物品编码规则标准，选择适用的设备编码模型，简要地分析与设计一套输变电资产单元划分和编码规则，重点在于将该输变电资产单元划分和编码规则用于实际变电站的输变电设备中。

基于电网企业资产的特点和资产管理的实际需求，对输变电资产采用线分类法进行统计编码。线分类法通过按选定的若干属性（或特征）把分类对象有序地分为若干层级，把每个层级分为若干类目，同一分支的同层级类目之间构成并列关系，不同层级类目之间构成隶属

关系，同层级类目之间互不交叉重复。资产采取的编码规则如图 3-23 所示。

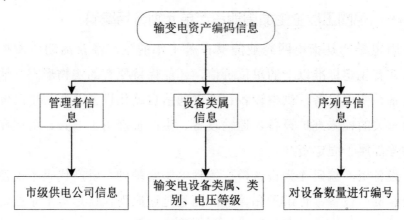

图 3-23 输变电资产编码信息内容

输变电资产编码信息主要由资产所属的供电公司、资产设备自身的类属信息、自由编码三部分组成。

1. 供电公司信息编码

以某省电力公司分公司为例对 6 家供电企业进行编码。编码见表 3-3。

表 3-3 某省供电公司划分及信息编码

省级供电单位	编码
地市级供电公司 1	01
地市级供电公司 2	02
地市级供电公司 3	03
地市级供电公司 4	04
地市级供电公司 5	05
地市级供电公司 6	06
……	——

2. 变电站划分及编码

电力公司可以根据不同地区细分为不同的变电站，对每个供电区域细分后的变电站进行编码。示例见表 3-4。

表 3-4 部分变电站划分及编码

变电站	编码
500kV ×× 变电站	00001
220kV ×× 变电站	00002
110kV ×× 变电站	00003
110kV ×× 变电站	00004
220kV ×× 变电站	00005
110kV ×× 变电站	00006
220kV ×× 变电站	00007
220kV ×× 变电站	00008
220kV ×× 变电站	00009
……	--

3. 设备类属编码

根据输变电设备类属的不同，对不同的类属的输变电设备进行划分及编码，见表 3-5。

表 3-5 输变电设备类属划分及编码

设备类属	代码	设备类属	代码
输电	01	交流	05
变电	02	调度	06
配电	03	其他	07-08
直流	04		

4. 设备类别编码

输变电设备类别编码可划分为变电设备、输电设备两部分，对变电设备而言，对又可以分为一次设备、二次设备和辅助设施等小类别。输变电设施类别划分及编码示例见表 3-6。

表 3-6 输变电设施类别划分及编码示例

一次设备	01	二次设备	02	辅助设施	03	输电设施	04
主变压器	001	电源设备	001	建筑物	001	架空线路	001
调压装置	002	直流电源设备	002	门窗	002	杆塔	002
调压开关	003	充电屏	003	设备基础及构支架	003	耐张塔	003
调压开关机构	004	充电模块	004	设备基础及构支架	004	直线塔	004

调压开关净油装置	005	集中监控器	005	爬梯	005	耐张杆	005
主变套管	006	直流调压装置	006	通风设施	006	直线杆	006
套管 CT	007	交流输入单元	007	空调	007	基础	007
冷却系统	008	整流器	008	中央空调	008	现浇基础	008
潜油泵	009	稳压器	009	分体式空调	009	板块基础	009
冷却风扇	010	放电装置	010	风机	010	全掏挖基础	010
散热器	011	直流馈线屏	011	温控装置	011	截面斜柱基础	011
冷却器	012	直流馈线监测装置	012	动力电源箱	012	直柱柔性基础	012
冷却器电动阀	013	直流接地监测装置	013	正常照明	013	现浇阶梯基础	013
漏液检测装置	014	直流接地监测主机	014	照明开关（箱）	014	桩基础	014
油流传感器	015	直流接地监测从机	015	灯具	015	挖孔桩基础	015
水流传感器	016	直流接地监测 CT	016	事故照明	016	带锚桩的挖孔桩基础	016
气泵	017	蓄电池监测装置	017	切换装置	017	多桩挖孔桩基础	017
冷控箱	018	控制模块	018	照明开关（箱）	018	单桩承台挖孔桩基础	018
……	—	……	—	……	—	……	—

5. 电压等级编码

根据电压类别和电压等级进行划分和编码，电压等级划分及编码情况见表 3-7。

表 3-7 电压等级划分及编码表

电压等级	编码	电压等级	编码
交流 110V	001	交流 132kV	042
交流 220V	002	交流 400kV	043
交流 380V	003	其他交流电压	044
交流 660V	004	直流 24V	045
交流 1000V	005	直流 36V	046
交流 3kV	006	直流 48V	047
交流 6kV	007	直流 110V	048
交流 10kV	008	直流 220V	049

续表

电压等级	编码	电压等级	编码
交流 20kV	009	直流 1.2V	050
交流 35kV	010	直流 1.5V	051
交流 66kV	011	直流 2V	052
交流 110kV	012	直流 2.4V	053
交流 220kV	013	直流 3V	054
交流 330kV	014	直流 4.5V	055
交流 500kV	015	直流 5V	056
交流 750kV	016	直流 6V	057
交流 1000kV	017	直流 9V	058
交流 5V	018	直流 12V	059
交流 6V	019	直流 15V	060
交流 12V	020	直流 30V	061
交流 15V	021	直流 60V	062
交流 24V	022	直流 72V	063
交流 36V	023	直流 160V	064
交流 42V	024	直流 400V	065
交流 48V	025	直流 440V	066
交流 60V	026	直流 630V	067
交流 100V	027	直流 800V	068
交流 127V	028	直流 1000V	069
交流 115V	029	直流 1250V	070
交流 230V	030	直流 1500V	071
交流 400V	031	直流 2000V	072
交流 690V	032	直流 3000V	073
交流 3150V	033	直流 500kV	074
交流 6300V	034	直流 700kV	075
交流 10.5kV	035	直流 800kV	076
交流 13.8kV	036	直流 115V	077
交流 15.75kV	037	直流 230V	078
交流 18kV	038	直流 460V	079
交流 22kV	039	直流 600V	080
交流 24kV	040	直流 750V	081
交流 26kV	041	其他直流电压	082

6. 设备序列号编码

设备序列号是按照编码顺序自主编码，考虑具体设备数量，编码为四位数字，起始编号为0001。

7. 电力公司资产编码

电力公司资产编码示例如图 3-24 所示。

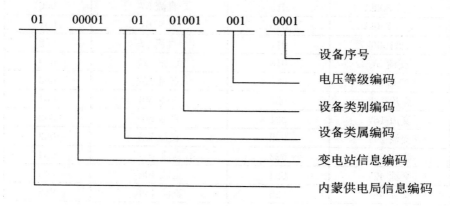

图 3-24 电力公司资产信息化编码

8. 示例

以某 220kV 变电站 1 号主变压器为例进行编码示范，见表 3-8。

表 3-8 某 220kV 变电站 1 号主变压器编码示例

编码名称	码段	示例	
供电公司	1～2	01	某地市级供电局
变电站	3～7	00009	某 220kV 变电站
设备类属	8～9	02	变电设备
输变电类别	10～11	01	一次设备
设备类别	13～14	001	主变压器
电压等级	15～17	013	220kV
设备序号	18～21	001	序号

因此，该设备的输变电设备编码为：0100009020101013001。

二、电网工程 BIM 模型创建

该标准适用于输变电工程中各阶段信息模型的创建、使用、管理。主要技术内容是规定工程各阶段、各专业、各电压等级的信息模型的精度和要求，包括物理模型的要素构成、色彩和精度，模型数据的格式与内容，几何、非几何信息的创建格式与内容等。BIM 信息模型创建标准技术内容框架如图 3-25 所示。

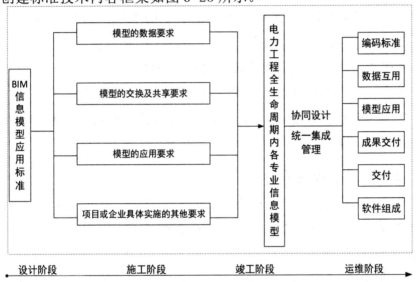

图 3-25 BIM 信息模型创建标准技术内容框架

1. 基本要求

（1）模型创建前，应根据建设工程不同阶段、专业、任务的需要，对模型及子模型的种类与数量进行总体规划。

（2）可通过集成方式创建模型，也可通过分散方式按专业或任务创建模型。

（3）各相关方应根据任务需求统一模型的创建流程、坐标系与度量单位、信息分类与命名等模型创建及管理规则。

（4）创建不同类型或内容的模型时，一般采用数据格式相同或兼容的软件。当采用数据格式不兼容的软件时，应通过数据转换标准或数据转换工具实现数据的互用。

（5）运用不同方式创建的各个模型要具备协调一致性。

（6）模型优先采用参数化的建模方法，对无法参数化的可使用非参数化的建模方法。

（7）当构件的几何精度与属性不一致时，应以属性信息为准。

（8）在满足项目需求的前提下，优先采用较低的建模方法。

（9）应该按照子项范围、专业、系统、子系统拆分模型。

（10）建模时避免同类构件重叠情况出现。

（11）随着工程进度及现场建筑图纸更新及时更新模型。

（12）模型要满足 LOD（模型的细致程度）标准要求和模型规划的要求。

2. 各阶段模型要求

设计阶段的 BIM 信息模型在创建时，其物理模型应包含电气设备及材料、建（构）筑物、水工暖通系统及其他设施等；逻辑模型应包含电气主接线、站用电等系统接线、二次原理接线、给排水系统图、消防系统图、暖通系统图等。该阶段模型精细度、模型信息粒度应达到与各阶段设计相一致，能满足管线综合、工程量统计等项目 BIM 应用需求。

施工阶段 BIM 信息模型在设计阶段 BIM 信息模型的基础上进行深化，创建施工阶段建筑信息模型，包括土建施工模型、机电安装模型、装修安装模型、其他施工器具模型等。此阶段模型精细度、模型信息粒度要能够满足施工专项方案的模拟与优化、施工进度的科学管理、设备和材料的管理、质量和安全管理等多项应用点的开展。

竣工阶段的 BIM 信息模型则是在施工阶段信息模型的基础上继续进行深化，使 BIM 信息模型更加完善，确保模型与现场实物一致。

该阶段模型主要包括土建竣工模型、机电系统竣工模型、子系统竣工模型、装修竣工模型以及整合模型等。模型精细度、模型信息粒度应该符合生产运维提资的需求。

生产运维阶段的 BIM 信息模型应满足生产运维管理的需要，即空间管理、资产管理、生产运维管理等三个方面。模型中的构件几何信息等级与构件非几何信息等级应由生产运维创建双方进行确定。生产运维模型宜包含建筑竣工验收和生产运维过程的历史数据信息。

三、电网工程全生命周期 BIM 信息模型传递

输变电工程全生命周期 BIM 信息模型传递包括 BIM 信息模型在全生命周期各参与方之间的横向传递和贯穿全生命周期各阶段之间的纵向传递。本节主要对建立全生命周期 BIM 信息模型的传递标准、传递流程和传递方式进行研究。

1. 规范 BIM 信息模型传递流程

建立全生命周期 BIM 信息模型在各参与方之间进行传递的流程标准，即在各阶段，BIM 信息模型及模型涵盖的大量数据信息在各方人员之间如何进行传递，如首先业主单位将策划阶段的 BIM 信息模型传递给设计单位，设计单位进行专业设计，然后将 BIM 信息模型及专业参数等传递给监理单位进行审核，监理单位审核合格后传递给业主单位进行终审，合格后将设备信息传递给物资采购单位进行设备招标采购等一系列 BIM 信息模型传递流程，建立 BIM 信息模型传递流程标准。

2. 规范 BIM 信息模型传递内容

建立全生命周期 BIM 信息模型在各参与方人员之间传递内容的相关标准，梳理 BIM 信息模型在各方人员之间的传递流程，标准化 BIM 模型的传递内容。如在设计阶段，规定设计方人员需要规定 BIM

信息模型的详细程度，如模型要包括尺寸信息、技术参数信息等传递给物资供应单位。另外，规范 BIM 信息模型纵向传递标准，统一每个阶段形成的 BIM 信息模型所涵盖的信息，下一阶段复用已经形成的 BIM 信息模型，在规范的 BIM 信息模型上不断增加新的工程信息，按照标准形成新一阶段的 BIM 信息模型，继续纵向传递至另一阶段。通过 BIM 信息模型化传递标准，规范 BIM 信息模型在传递时需要达到的内容要求。BIM 模型包含信息的详细程度、关键信息的完整性等。

3. 规范 BIM 信息模型传递方式

研究建立全生命周期 BIM 信息模型传递标准，规范 BIM 信息模型在全生命周期各阶段传递的方式，统一每个阶段形成的 BIM 信息模型在向下一阶段传递的方式和路径。并且在资产设备报废后，研究形成的全生命周期 BIM 信息模型作为历史数据如何进行存储，保证 BIM 模型设备信息在传递时信息的完整性及资产信息模型在各软件平台间进行传递和交流。

通过建立全生命周期 BIM 信息模型传递标准，规范 BIM 信息模型在各参与方之间进行传递的流程、内容和方式，推动输变电工程的信息化和数字化建设，为实现真正意义上的输变电工程建设信息化管理提供参考依据。

四、电网工程全生命周期 BIM 模型应用

1. 电网工程规划与设计阶段信息模型应用标准

该标准主要适用于输变电工程规划及设计阶段信息模型的使用和管理。主要技术内容包括对输变电工程规划与设计阶段的模型精度、建立和交付要求做出规定。

设计各阶段每一模型精细度等级所包含的模型元素及其几何与非几何信息应符合设计阶段各种专业任务的要求，如果满足 BIM 应

用需求，可以使用精细度较低的模型。模型应用的相关方可根据项目需要协商确定其他模型细度等级，在使用自定义模型细度等级时应事先参照相关内容制定书面规定并获得各方认可。规划与设计阶段模型应用标准一般规定包括如下内容。

（1）在设计阶段，方案可通过 BIM 技术进行优化，促进各专业的协同设计，以提高各专业沟通效率，进而提升设计质量。

（2）设计阶段的 BIM 应用需要结合设计成果交付要求，基于 BIM 模型形成设计图档。

（3）设计阶段各专业模型应满足协同设计的下列要求：各专业应根据项目规模、模型组织方式、所使用的 BIM 软件等因素，选择合适的协同设计方式；通过制定合理的存储与管理标准实现不同专业 BIM 数据的共享；各专业应统一项目的坐标、方向。

（4）模型中各类构件应使用 BIM 软件相应的构件类型进行建模。

（5）设计阶段各专业模型应包含本专业主要技术指标及设计说明信息。

2. 电网工程建造与竣工阶段信息模型应用标准

该标准主要适用于输变电工程施工与竣工信息模型的创建、使用和管理。主要技术内容包括从施工应用策划和管理、深化设计、施工模拟、预制加工、进度管理、预算与成本管理、质量与安全管理、竣工验收等方面提出工程信息模型的使用和管理要求。

建造阶段的模型应基于设计阶段交付的模型，根据施工需要创建形成。对于没有设计模型的项目，应按施工图创建施工模型。施工阶段的模拟应基于施工过程模型进行，并与现场实施数据对比。当设计阶段交付的模型或图纸发生变更时，施工模型应进行同步更新。

宜在施工准备阶段应用 BIM 进行工序安排、资源配置、平面布置、进度计划等施工组织工作，并满足下列要求。

（1）用于施工组织的模型宜基于施工图设计模型或深化设计模型及施工组织设计文档创建。

（2）应将工序安排、资源配置和平面布置等施工信息附加或关联到模型中，按施工组织流程进行模拟，根据模拟成果对各项施工组织进行协调和优化，并将相关信息更新到模型中。

（3）平面布置应根据进度计划安排进行动态调整。

（4）施工组织模拟 BIM 应用交付成果宜包括施工组织模型、施工模拟动画、虚拟漫游文件、施工进度计划优化报告及资源配置优化报告等。

竣工验收模型应与工程实际状况一致，并基于施工过程模型形成，以及附加或关联相关验收资料及信息。与竣工验收模型关联的竣工验收资料应符合有关现行标准的规定要求。

竣工预验收和竣工验收宜应采用 BIM 模型，在施工过程模型上附加或关联竣工验收相关信息和资料，形成竣工验收模型。竣工验收模型应与工程实际状况一致，除原始文件格式外，应同时提供公开数据格式。竣工验收模型除满足竣工验收交付要求外，可根据合约要求，为运营维护管理提供下列信息：①基于统一编码体系的运营维护模型，以实现现场设备设施与模型的对应；②根据运营维护要求补充、拆分模型以满足运营维护模型对特殊部件或部位的细度要求；③宜在设备设施实物中使用二维码、RFID 等技术，实现现场设备设施在模型中的检索和定位。

工程项目施工中的施工组织模拟和施工工艺模拟宜应用 BIM。施工组织模拟前应确定 BIM 应用内容、BIM 应用成果分阶段或分期交付计划，并应分析和确定工程项目中需基于 BIM 进行施工模拟的重点和难点。当施工难度大或采用新技术、新工艺、新设备、新材料时，宜应用 BIM 进行施工工艺模拟。

工程项目施工中的深化设计宜应用 BIM。深化设计 BIM 软件应具备空间协调、工程量统计、深化设计图和报表生成等功能，深化设计图应包括二维图和必要的三维模型视图。

工程项目施工中的预制加工宜应用 BIM。预制加工模型依据深化设计模型构建，将预制加工成果信息传输到模型中；预制加工 BIM 应用宜构建编码体系并安排工作流程；预制加工 BIM 软件应具备加工图生成功能，并符合常用数控加工预制生产控制系统的数据格式；预制加工模型宜附加或关联条形码、电子标签等成品管理物联网标识信息；预制加工产品的物流运输和安装等信息宜附加或关联到模型中。

工程项目施工的进度计划编制和进度控制等宜应用 BIM。进度计划编制 BIM 应用应根据项目特点和进度控制需求进行；在进度控制 BIM 应用过程中，应对实际进度的原始数据进行收集、整理、统计和分析，并将实际进度信息附加或关联到进度管理模型中。

工程项目施工中的成本管理宜应用 BIM。基于深化设计模型及清单规范和消耗量定额创建成本管理模型，通过附加或关联合同预算成本、施工预算成本、实际成本并集成进度信息，定期进行三算对比、纠偏、成本核算、成本分析工作。交付成果宜包括成本管理模型、成本分析报告等。

工程项目施工中的质量管理宜应用 BIM。基于深化设计模型创建质量管理模型，通过附加或关联质量管理信息、质量问题处理信息、质量验收信息，进行质量验收、质量问题处理、质量问题分析等工作，交付成果宜包括质量管理模型、质量验收报告、质量问题分析报告等。

工程项目施工中的安全管理宜应用 BIM。基于深化设计模型创建安全管理模型，通过附加或关联安全生产及防护措施、安全检查、风险源、事故信息，进行安全技术交底，帮助技术人员发现风险源，分析安全隐患问题。交付成果宜包括安全管理模型、可视化安全技术交底、安全分析报告等。

工程项目施工中的竣工验收宜应用 BIM。在竣工验收 BIM 应用中，应将竣工预验收与竣工验收合格后形成的验收信息和资料传输到模型中，形成竣工验收模型。竣工验收 BIM 软件应具备的专业功能为：将验收信息和资料传输至模型中；基于模型查询、提取竣工验收所需的资料；与工程实测数据对比。

3. 电网工程运行与维护阶段信息模型应用标准

该标准主要适用于输变电工程运行维护阶段 BIM 技术应用。主要技术内容规定 BIM 技术在运行维护管理中的应用，包括空间管理、资产管理、维修维护管理等方面。

在运行与维护阶段，BIM 模型的应用一般规定如下：生产运维模型的元素及其几何和非几何信息应满足运营维护的要求；生产运维模型应采用统一的编码体系，实现模型及信息在工程全生命期有效传递及交换；生产运维模型宜根据生产运维管理需求，分配模型信息增、删、改等相应管理权限；宜应用生产运维模型，实现设备设施运行、维护维修、更新改造、空间与资产管理、人员培训与应急管理功能。关于空间与资产管理标准要求如下。

（1）生产运维模型应具备空间与资产管理信息。

（2）宜应用生产运维模型，实现空间清册与使用分配、各分配空间比率分析、人员 / 访客空间使用、标识导向、空间经营、空间维护等空间管理功能。

（3）宜应用生产运维模型实现资产清册、资产日常使用、调拨、更新管理、全生命周期成本统计分析、故障趋势分析、性能分析评估、报废评估及资产折旧等资产管理功能。

在进行后期维护管理时，应满足以下标准要求：①已完成的生产运营维护模型应确保建筑物、构筑物或相关设备的几何信息以及非几何信息准确、完整，并及时进行维护；②生产运维模型应采用统一的编码体系，实现模型及信息在资产全生命期有效传递及交换；③生产运维模型宜根据生产运维管理需求，分配模型信息增、删、改等相应管理权限；④宜应用生产运维模型，实现设备设施运行、维护维修、更新改造、空间与资产管理、人员培训与应急管理功能。

第四章 基于 BIM 的电网工程全面信息化管理体系

第一节 电网工程全面信息化管理体系功能目标

在电力工程信息模型的应用下，输变电工程项目全面信息化管理体系需要实现的基本功能包括工程信息的存储、分析、处理、集成，以及在项目各参与方之间的传递、共享。按照工程项目全面信息化要求以及工程项目管理的主要职能，结合 BIM 和大数据等技术应用背景下，输变电工程项目全面信息化管理体系应该实现的功能具体如下。

一、项目全生命周期数据信息的统一存储、处理及分析

输变电工程在项目全生命周期过程中，投资额巨大、专业性强，在过程中持续不断地产生和积累包括项目投资分析信息、设计方案比选信息、施工进度信息、运行状态信息等海量项目信息。这些信息体量庞杂、种类多样、内容及形式不一，如档案文件资料信息、施工图纸、设备资产信息、电子化移交信息、纸质资料、视频、图片等，为多源异构类数据。此时，需建立数据中心来管理这些信息。

各类信息通过项目全生命周期资产信息编码与属性统一标准进行数字化处理之后，才可以应用技术手段对其进行管理，然后通过工程项目数据中心对其进行存储和处理，从信息编码、归类、实时更新等方面实现项目信息的统一储存及处理分析功能。各职能管理信息系统将所产生的数据与数据中心进行交互，在此过程中实现数据提取、数据查询、数据存储以及数据挖掘分析等。

二、项目信息的集成、共享和传递

通过项目信息的集成与共享，实现项目各参与方之间的信息交

互。基于 BIM 的工程项目全面信息化管理体系以 WWW 形式发布有关项目的各类信息，各参与方根据所有权限可以随时获得项目有关信息；项目信息的集成、传递与共享能够促进项目管理人员就项目信息进行及时交流，对项目中发生的事故及时做出应对；BIM 模型信息的集成、传递可以为项目各参与方所用。

在项目信息集成过程中，首先要识别各阶段需要集成的项目各类信息，从各种文件资料中提炼出在基于 BIM 全面信息化中 BIM 集成的项目信息。然后归纳各类信息，从阶段属性、人员属性等来反复精细化归纳项目信息，重构 BIM 集成信息。最后，确定 BIM 集成信息，从项目信息的数量、定义是否全面且具代表性、信息内容是否合适、表述是否清楚等方面进一步整理和修正集成信息，最终形成集成信息数据表，上传数据中心，通过各参与人员的不同的权限进行访问，实现传递和共享的目的。

三、工程建设的动态监控和运行状态的实时感知

在施工建设过程中，业主一般需要对项目实施的全过程进行及时监督和控制，以了解工程项目的实际进展情况，对工程项目建设过程中出现的各类问题及时做出决策以及给出应对方案。因此，在输变电工程项目全面信息化管理过程中，为了满足监理人员、业主等监管单位对工程项目的实时监控，需要将施工现场的图像等资料及时上传至监理部门的端口，利用通信技术、GPS 定位技术等达到对施工过程的及时把控，更利于业主把握整个工程的进展情况。

在生产运维阶段，利用 BIM 模型、态势感知技术等先进手段，对输电线路、变电站设备等进行实时运行状态感知、安全预警分析、监测变电站运行等，建立电网监测设备态势感知模型，围绕电网监测设备的运转状态、三维可视化展示、结构化消息报警等方面提高电网安全性，强化态势感知与电力系统相结合的监测安全性能。

四、工程项目一体化综合管理

在 BIM 模型和强大的数据网络的支持下，基建部门工程管理可以实现一体化综合管理，实现从项目立项、方案设计、工程概预算、工程招投标、物资管理、施工管理、工程监理、竣工结算等全过程各环节的无纸化办公，大大缩短了工程资料交接的时间，提高工程管理的信息化及数字化水平。

从四大工程项目管理目标来看，通过全面信息化管理体系，项目决策、进度管理、物资管理、质量管理、安全管理等各阶段的信息都可通过信息化技术处理，从而实现项目一体化综合管理。从项目建设的全生命周期来看，各个阶段的管理工作可以利用管理平台等信息化处理功能来进行信息化管理，简化管理程序，极大地提高了管理人员的工作效率，真正将信息化手段应用于工程管理实践活动。

五、多项目集群的决策支撑

通过在电网工程全面信息化管理体系中积累工程项目的信息，收集存储多项目集成的数据资源，形成包含海量数据的输变电项目管理库。可以在多个项目之间实现包括物资机械调配、人员安排等各方面的综合管理及管控。对其中多个项目的信息进行数据挖掘处理，为以后其他项目的投资决策提供数据支撑。

第二节　电网工程全面信息化管理体系总体架构

项目在整个建设过程中产生海量的结构化及非结构化信息，为了实现项目全面信息化管理，实现信息在各方人员之间顺利交换及传递，以免形成信息孤岛，本节基于 BIM 理念，从工程项目数据中心和协同管理体系的设计两个方面建立工程项目全面信息化管理体系，其总体架构设计如图 4-1 所示。

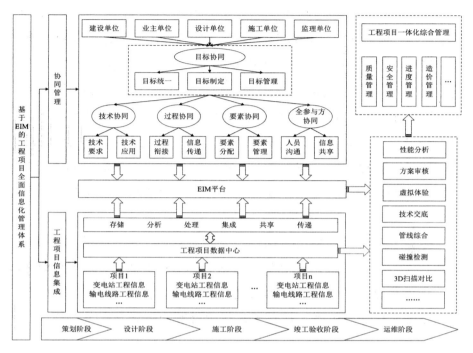

图 4-1 输变电工程项目全面信息化管理体系总体架构设计

输变电工程在建设过程中各个阶段产生的项目信息通过工程项目数据中心实现信息化集成，进而实现信息的储存、传递及共享等功能。各个项目参与方则利用数据中心实现数据的挖掘、分析、处理、传递、交换等功能，最终实现协同管理，解决了项目管理中的单向沟通问题，提升了各方人员之间的协作管理效率，进一步从工程项目信息集成和管理体系上实现项目全面信息化管理建设。

在工程项目数据中心中，以输变电工程建设全生命周期阶段为依据展开，分工程类型及工程专业向工程项目数据中心中的数据库录入工程信息，如变电站工程设计各阶段信息、输电线路工程建设各阶段工程信息、土建工程信息及安装工程信息等，数据中心对输入的项目信息进行保存、挖掘、处理、集成、共享、传递，实现对信息的有效处理。

在协同管理体系中，主要包括全目标协同、技术协同、过程协同、要素协同、全参与方协同五个子模块，项目相关的各方人员通过完成五个模块的协调工作来共同完成工程项目的协同管理。上述五个子模块分别从指导工程项目管理目标顺利完成、保障建设项目施工技术及应用协同、引导工程项目的全过程阶段无间断推进、统筹调配建设过程中的人材机、保证各参与方之间在不同阶段的信息交流五个方面发挥协同作用。

BIM将协同管理体系和数据中心联系起来。在工程项目数据信息化的基础上，各参与方人员基于BIM完成对建设项目的性能分析、方案审核、虚拟体验、技术交底、管线综合、碰撞检测、3D扫描对比等，实现对工程项目的一体化综合管理，精确把握工程成本和进度、保障施工安全、提高工程质量。

基于BIM的工程项目全面信息化管理体系，为建设项目提供了一体化综合管理方法，实现项目闭环一体化综合管理，简化管理程序，极大地提高了工程管理人员的工作效率，提高了工程管理的信息化及数字化管理水平，这对于建设项目顺利开展具有重要意义。

第三节　电网工程全面信息化管理体系实现路径

一、电网工程项目信息流传递流程设计

（一）集团公司项目全生命周期管理信息传递流程

电力工程项目全生命周期管理信息传递流程从集团级角度分析主要包括前期策划阶段工作流、设计阶段工作流、物资供应阶段工作流、施工阶段工作流、竣工验收阶段工作流和启动前资料报审及投产清算阶段工作流程。

1. 前期策划阶段

电网公司计划发展部完成工程核准后，下达固定资产投资计划，明确公司年度电网建设项目，完成目标和投资任务。工程建设部依据固定资产投资计划，坚持依法合理、按照基建流程推进原则，下达投产计划，分解工程完成关键点，确定公司年度投产和完成投资目标的

建设总体一级进审计划。同时下达初设评审计划。根据工程要求，物资管理部负责组织建设单位制定公司年度招标批次、招标实施进度计划。工程建设部建设处对建设单位报送的里程碑计划进行最终审定并备案，建设单位需在工程建设中严格按此进度目标进行建设管控。然后经工程建设部技经处对业主项目部提交的勘察设计、建立招标申请进行审核无误后，向物资供应公司下达招标任务书。在收到工程建设部招标书后，物资供应公司委托代理机构组织开展勘察设计、建立招标。向招标代理机构下达招标代理委托，参与招标文件的审核工作，参与评标并发布定标结果，负责受理、协调解决招投标过程中各类投诉及其他相关事宜。由招标公司设计、监理招标的挂网、开标、评标工作，并向建设单位和中标单位发送中标通知书。

2. 设计阶段

招标工作完成并确定中标单位后经研院审核设计单位提交的初设评审申请，在具备评审条件后制定月度初设评审计划报公司工程建设部审批下达。由公司工程建设部建设处审核上报的月度初设评审计划，并下达初设评审工作计划。经研院组织召开初步设计评审会议，负责评审或委托评审机构评审初步设计，并起草或审核评审机构（发文前）的初设评审纪要及评审意见。由工程建设部建设处审批后正式下达初设纪要，技经处审批后下达初设批复。在设计单位编制设备材料招标清单及技术规范书并确定物资招标需求工作联系单位。

3. 物资供应阶段

物资供应公司负责组织进行设备材料招标文件的组件工作，并委托招标公司进行招标，在招标公示期后，组织建设单位和设备厂家签订技术协议及合同。

4. 施工阶段

在收到工程建设部招标任务书后，物资供应公司负责组织开展施工招标。向招标代理机构下达招标代理委托，参与招标文件的审核工作，参与评标并发布定标结果，负责受理、协调解决招投标过程中各类投诉及其他相关事宜。由招标公司负责施工招标的挂网、开标、评标工作，并向建设单位和中标单位下发中标通知书。在双方签订合同后，设计单位设计交底以及施工图会检结束后，建设单位完成各类招标并办理"三证一书"以及开展"四通一平"工作，业主项目部审批通过施工进度计划后施工项目部提交开工报审表，并经监理单位及业主项目部审核通过后，工程建设部建设处负责审核工程开工申请，审核通过后进行备案，工程即可开工。

5. 竣工验收阶段

电力公司工程建设部建设处组织成立工程启动验收委员会（以下简称"工程启委会"）。工程启委会召开首次会议，安排工程竣工验收、审查批准系统调试项目建议书、系统调试方案、调试执行方案和启动工作等事宜，并以会议纪要形式下发各建设、参建单位，遵照执行。电力经济技术研究院召开工程启委会审查 220 kV 及以上工程送电方案，调通中心组织编制启动调度方案。220 kV 及以上工程启委会组织工程启动投运，下达"工程投运批准书"。工程建设部建设处组织相关业务部门参加工程启动。

6. 启动前资料报审及投产清算阶段

调度、信通部门对启动资料进行审核；信通部门根据审核后的启动资料相关内容下达通道组织方案。工程启委会组织召开第二次会议，协调工程启动外部条件，决定工程启动试运时间，主持工程的系统调试与启动投产工作及其他有关事项。工程启委会在工程试运行 24h 后召开第三次会议，试运行正常即签发工程投运移交证书。最终建设部根据结算资料交接情况作为对建设单位的考核依据。

电力工程项目全生命周期管理信息交互流程如图 4-2 所示。

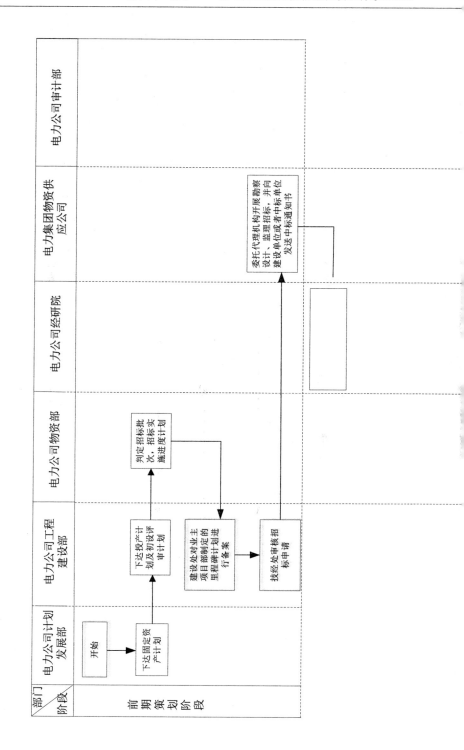

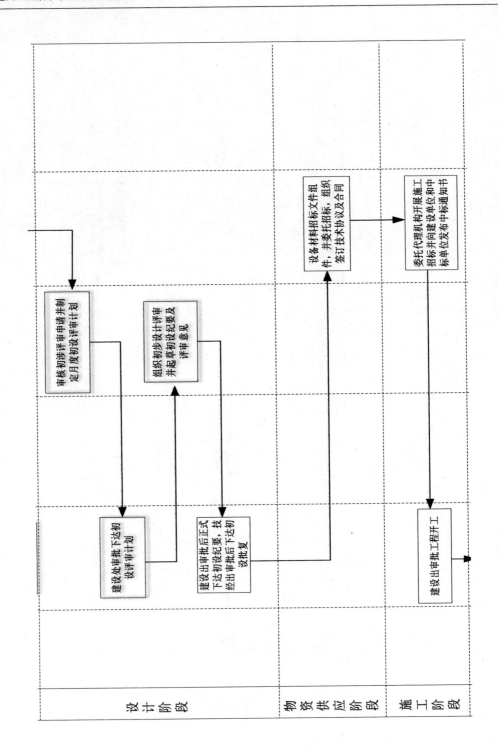

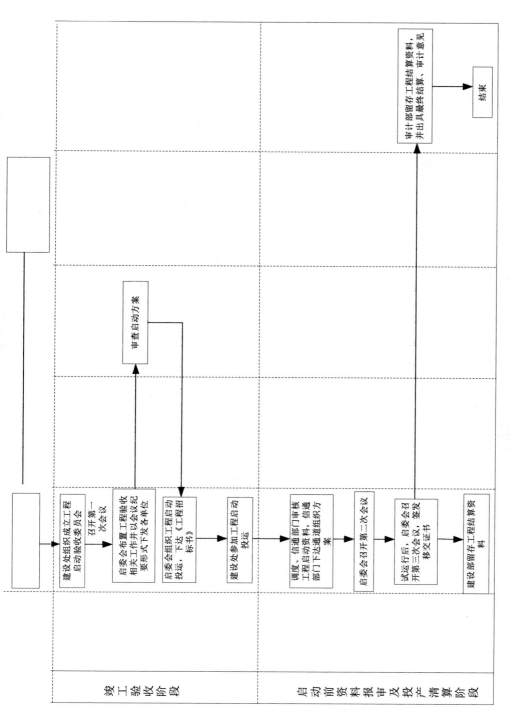

图 4-2 电力工程项目全生命周期管理信息交互流程

（二）地市级供电公司项目全生命周期管理信息传递流程

电力公司市级供电公司项目全生命周期管理信息传递流程分析主要包括各参建单位及业主项目部等各参与方之间在项目前期决策阶段、设计阶段、施工阶段、验收启动阶段、启动投资与投产结算阶段的信息流传递与交互流程。

1. 项目前期决策阶段

电力公司市级供电公司建设单位工程建设处组建业主项目部，依据可研批复、现场踏勘熟悉各项目建设内容，全面落实"投产计划"节点任务目标按期完成。建设单位工程建设处依据"投产计划"任务目标分解所属建设管理项目进度节点，细化项目实施环节和完成目标，编制项目实施过程管控二级进度计划，即"里程碑计划"，经分管领导审核批准后，报公司工程建设部备案。里程碑计划信息流在市级公司工程建设处、业主项目部及电力公司工程建设部建设处之间传递、交互。业主项目部以及"里程碑计划"以建设项目为单位，进一步分解细化项目各实施环节和完成目标，编制项目实施过程管控三级进度计划，即"进度控制计划""工程建设管理纲要""工程创优策划"，并报建设单位审核。然后建设单位工程建设处向工程建设部技经处提交勘察设计、监理招标申请。招标申请信息在工程建设部技经处和建设单位工程建设处之间传递、交互。工程建设部技经处对招标申请进行审核，如果审核未通过则重新返回建设单位工程建设处进行整改并重新提交技经处审核，如审核无误则进行下一步工作，技经处向物资供应公司下达招标任务书。物资供应公司进行招标事宜并确定中标单位后，建设单位工程建设处与中标设计、监理单位签订合同，并与监理单位签订安全协议。

2. 设计阶段

设计阶段各单位之间信息流程交互主要包括设计单位初步设计文件、物资供应计划及施工图交付计划等文件信息的传递与交互。签订合同后监理单位负责组建监理项目部，上报建设单位并审批备案，依据监理规定开展工作。中标设计单位编制初步设计并组织自审。初步设计文件在设计单位、监理单位、建设单位工程建设处及工程建设部之间进行信息流交互。首先建设单位工程建设处组织初步设计内审，然后监理单位参加初步设计内审并出具审核意见，最后向工程建设部提交初设申请。业主项目部依据工程建设部建设处审批下达的初设纪要及技经处审批后下达初设批复编制工程建设行政许可手续办理控制计划（"三证一书"），并组织开展相关工作。设计单位依据初设评审最终意见，向建设单位提交设备材料招标清单及技术规范书。业主项目部依据设计单位提供的招标清单和技术规范书编制物资供应计划报工程建设处审核。招标清单、技术规范书和物资供应计划在业主项目部、工程建设处、物资处之间交互传递。工程建设处审核招标清单、技术规范书，并将物资招标需求工作联系单提交物资处。建设单位物资处对招标清单及技术规范书进行审核，并将物资招标需求工作联系单提交物资供应公司。在物资供应公司确定设备厂家并签订技术协议及合同后，建设单位物资处协调厂家按期供货。设计单位编制施工图交付计划，并报监理项目部审核。施工图交付计划作为信息流在设计单位、监理项目部和业主项目部之间传递交互，监理项目部审核设计单位提交的施工图交付计划，审核无误后报业主项目部进行最终审核，审核无误后，设计单位据此计划严格执行。设计单位按照合同履约，按期保质完成施工图设计任务。

3. 施工阶段

施工阶段各单位间的信息流程交互包括施工招标申请、施工合同、施工进度计划、开工报审表等信息流在市级公司部门之间的传递与交互。首先建设单位工程建设处向工程建设部技经处提交施工招标申请，然后在工程建设部技经处审核后物资供应公司组织开展施工招标事宜。确定中标单位后电力公司建设单位与中标施工单位签订合同，并签订安全协议。业主项目部组织设计、施工、监理单位召开设计交底、会后形成纪要，由监理项目部起草、业主项目部审核签发、施工项目部和设计单位签收，并由监理项目部监督执行。建设单位工程建设处组织开展"四通一平"工作，取得"三证一书"，并向质量监督检测中心申请办理工程质监注册。施工项目部编制施工进度计划，并报监理项目部审批。施工进度计划在施工项目部、监理项目部和业主项目部之间交互传递形成信息流。监理项目部审核施工进度计划并确定无误后报业主项目部审核，由业主项目部对施工进度计划进行最终审核，审核无误后，施工单位据此计划严格执行。工程满足开工条件后，由施工项目部提交工程开工报审表，并报监理项目部审核。开工报审表在施工项目部、监理项目部、业主项目部及建设单位分管领导之间交互并形成信息流，由监理项目部负责对施工项目部提交的开工报审表进行审核，审核无误后报业主项目部审核。审核无误后报建设单位分管领导进行最终审核。建设单位工程建设处提交工程开工报审表申请开工，审核通过后业主项目部审核施工单位编制的施工组织设计并组织实施，监理单位复核开工条件，对施工单位下达开工令。施工单位开始施工。

4. 验收启动阶段

市级电力公司验收启动阶段管理信息交互流程包括竣工验收申请单、竣工验收报告、工程启动方案等文件信息流在各单位之间的传递交互。在工程竣工阶段，由市级公司建设单位工程建设处成立启委会，工程通过质检站验收，若符合要求后，则建设单位提出竣工验收申请，不通过则由施工单位组织进行整改。工程建设处组织验收并出具"竣工验收报告"编制上报"工程启动方案"，各建设单位建设处组织启委会审查启动方案。建设单位工程建设处组织相关业务部门参加工程启动投运。

5. 启动投资与投产结算阶段

工程启动投资与投产结算阶段管理信息交互流程包括停电切改方案、启动资料、竣工投产资料及竣工结算资料等形成信息流并在各参建单位之间进行传递交互。首先，建设单位调度、信通部门对工程启动资料进行审核；其次，建设单位基建部门对施工单位编制的停电切改方案进行内审，收集启动资料报建设单位调度及信通部门。在工程试运行正常并签发工程投运移交证书后，工程建设处归档竣工投产资料，然后与造价咨询机构对接并协调各参建单位汇总结算资料，包括经审批的设计变更、现场签证以及其他管理资料及电子版。

地市级供电公司项目全生命周期管理信息交互流程如图 4-3 所示。

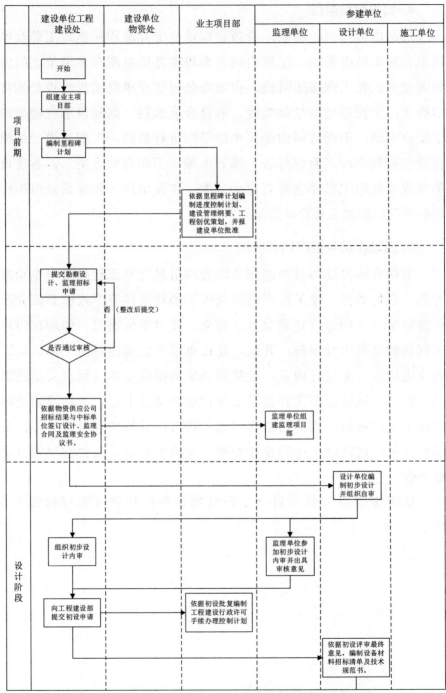

图 4-3　市级供电公司项目全生命周期管理信息交互流程

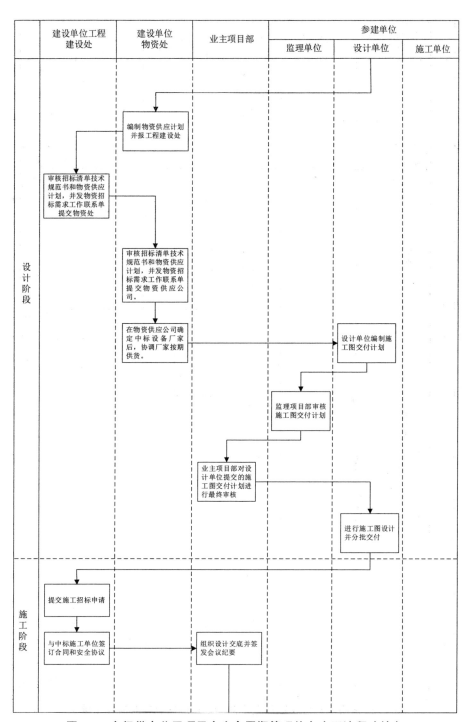

图 4-3 市级供电公司项目全生命周期管理信息交互流程（续）

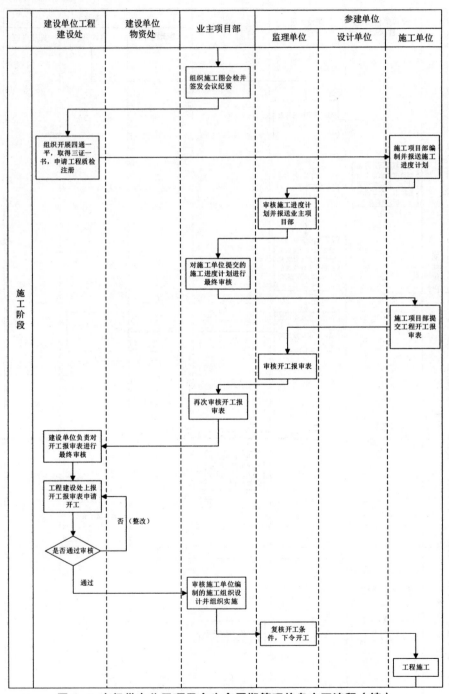

图 4-3 市级供电公司项目全生命周期管理信息交互流程（续）

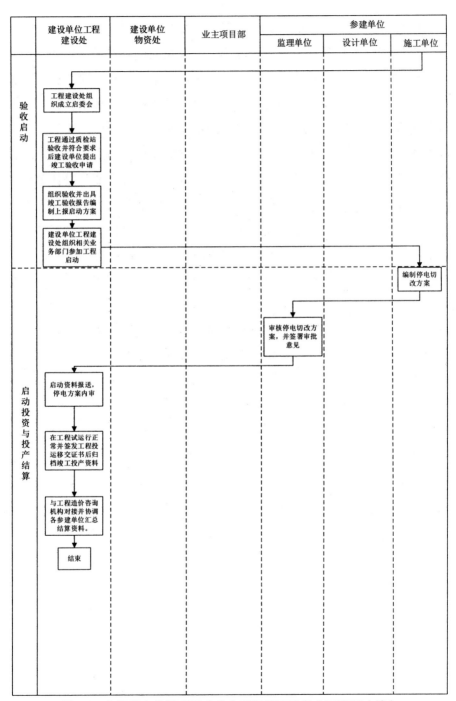

图 4-3 市级供电公司项目全生命周期管理信息交互流程（续）

（三）输变电项目全生命周期管理信息传递流程

在输变电工程项目整个建设过程中，信息的交互普遍体现在整个建设过程中包括工程前期策划阶段、设计阶段、建设阶段、竣工验收阶段和启动投资结算阶段的交互流程。在项目前期阶段，主要工作包括工程管理策划、进度计划管理、设计及监理招标配合等。其中，策划阶段从建设单位业主项目部到各参建单位，各类策划文件的传递、共享流程都体现了工程管理信息的交互关系。在项目设计阶段，主要是设计单位进行初步设计与施工图设计，并向业主项目部、监理单位提交设计文件进行审查，同时向施工单位交付设计图纸，此阶段的管理信息交互体现在业主项目部、设计单位、施工单位和监理单位之间的文件传递和审批流程方面。在项目施工前准备阶段，依据输变电工程管理相关文件进行标准化开工准备，办理"三证一书"、进行"四通一平"施工等，为工程正式施工准备基础条件，此阶段的证书文件的办理都不是施工单位一方的事，与业主项目部、监理单位等都存在工作流的交互关系。在工程施工阶段，施工单位按照前期确定的施工进度计划、施工组织设计、安全管理流程等开展土建、电气设备安装、线路、变电等工程和中间验收，在施工进度中与设计、监理等多方都存在管理信息交互流程。在竣工验收阶段，施工单位与建设单位业主项目部、监理单位等一起完成竣工验收及工程资料移交工作，在竣工验收流程上存在交互关系。工程启动投资和结算阶段，各参建单位进行工程费用结算，造价咨询机构负责对接并协调各参建单位的结算工作。基于输变电项目全生命周期管理信息交互流程的阶段性和工程专业化管理的独特性，本节从项目全生命周期不同阶段的交互流程以及工程进度、安全、质量、费用四大目标的工程信息管理流程上来阐述输变电项目信息交互关系。

1. 项目全生命周期不同阶段管理信息交互流程

（1）工程管理策划阶段

在工程项目前期管理策划阶段，首先由建设单位业主项目部按照《国家电网公司基建管理通则》等通用管理制度文件要求、项目可研报告和建设单位确定的项目建设目标编制"建设管理纲要"，然后由建设管理单位审批编制的"建设管理纲要"。如果通过审查，则业主项目部负责将"建设管理纲要"下发给设计单位、监理、施工单位的项目部。

设计单位按照业主项目部下发的"建设管理纲要"编制"设计策划"，并在初步设计之前报业主项目部审核批准。如果审批通过，则设计单位可开始编制初步设计；如果审批不通过，则设计单位继续修改设计策划，直至审批通过为止。

施工单位依据"建设管理纲要"编制项目管理实施规划（施工组织设计），经施工单位相关职能部门审核，企业技术负责人、分管领导批准后报监理项目部审批，监理项目部审核通过后才能上报业主项目部审批。全部通过审批后，施工单位将审批后的策划文件及时上传至基建管理信息系统，并在监理项目部全过程监督执行下认真按管理实施规划执行。

监理单位作为对施工、设计单位监督管理的部门，也要依据"建设管理纲要"编制监理规划。业主项目部在工程开工前审批监理规划，通过审批后由总监理工程师组织对监理项目部人员进行策划文件培训及交底，最后监理项目部按照批准的工作策划开展工程监理工作。如果监理单位编制的监理规划文件未通过业主项目部的审批，则返回到监理单位对规划文件进行整改，整改合格后才能开展监理工作。

总体来讲，在工程管理策划阶段的管理信息在业主项目部和各参建单位之间进行传递，各参建单位不断修整，业主项目部审批，形成基于特定的工作程序的信息流，从而组成交互流程。

（2）设计阶段

在设计阶段，管理信息一般包括设计单位编制初步设计和施工图设计文件，信息交互流程如图 4-4 设计阶段所示。首先，在上级部门确定中标设计单位并签订设计合同后，中标设计单位依据法律法规、企业标准、可研纪要、核准文件开展初步设计工作，编制初步设计文件，组织内审并邀请监理单位参加，监理单位应出具审核意见。然后，建设单位业主项目部组织设计、监理、经研院对初步设计文件及图纸进行内部审核，落实初步设计依法合规和工程可实施性所需的支持性文件、管理性文件、相关协议等内容的完整、齐全。业主项目部内审完成后，向上一级工程建设部提交初设评审申请，报送评审材料。上级工程建设部评审通过后，下达评审纪要、初设批复，设计单位编制设备材料招标清单及技术规范书，通过招标确定物资供应公司后，由业主项目部组织施工图设计，交给设计单位编制施工图交付计划，经监理项目部、业主项目部审核施工图交付计划后，设计单位开始编制施工图设计图纸并分批交付。设计单位按照合同履约，按期保质完成施工图设计任务。最后，由业主项目部组织设计交底，设计、施工、监理单位共同召开设计交底，监理项目部起草会议纪要，业主项目部审核签发会议纪要，设计和施工单位签收纪要，监理项目部监督执行。同时，业主项目部组织施工图会检，各参建单位召开施工图会审，初步完成设计阶段的设计工作。

如图 4-4 所示，设计阶段围绕初步设计和施工图设计文件的编制进行，与业主项目部、监理单位在文件审批、提出修改意见上都存在文件信息的交互关系，交互流程比较复杂。

（3）施工前准备阶段

在工程正式开始施工前，业主项目部需结合施工单位、监理单位对进场施工前的文件资料是否齐全，"三证一书"是否取得，"四通一平"工作是否做完等开工条件进行审核，严格落实标准化开工工作，重点核查项目相关手续。取得"三证一书"后，根据工程实际情况需要，业主项目部组织开展"四通一平"工作。

在施工前准备阶段，各单位管理信息的交互流程如图 4-4 所示。

首先，设计完成，项目核准后，如果该工程为变电工程，属地公司、业主项目部办理变电站建设用地规划许可证和变电站建设用地使用手续，并取得变电站土地划拨书及建设用地批准书。然后，属地公司、业主项目部还需办理建设工程规划许可证、施工许可证。最后，业主项目部组织开展变电站"四通一平"工作，对于输电线路工程，业主项目部还组织开展缆线复测工作，施工单位开展变电站"四通一平"施工，属地公司负责属地协调。施工单位完成施工准备工作后，提交开工报审资料，待监理单位审查开工条件后，签署开工审查意见，然后报业主项目部审核，业主项目部检查开工条件后，审核开工报审资料，再报市级公司建设部审批工程开工报审资料，待一切开工条件、文件资料都齐全后，业主项目部组织工程施工单位进场施工，地（市）级公司建设部自组织工程开工管理资料归档。

在整个施工前准备阶段管理流程中，业主项目部承担办理"三证一书"及组织"四通一平"工作开展，作为管理策划者，要对施工单位进场施工前的文件资料、现场实际情况进行全面审核、了解，而施工单位作为工程施工的主体，主要负责施工场地的准备工作，做到施工现场要通水、通电、通路、通信和施工场地要平整的"四通一平"要求，提交开工报审资料等。监理单位主要负责签署开工审查意见，监督施工单位的准备工作。三者的信息交互流程如图 4-4 所示，依据工作开展程序要求，三者相互协调、互相沟通，交互共享文件资料。

（4）施工阶段

施工阶段作为工程项目实体建设的主体阶段，在进度管理、合同履约、安全质量管理、施工中间验收等环节都存在信息交互流程。如图 4-4 所示，以施工单位作为交互的主线，同业主项目部、设计单位、监理单位都存在工程管理信息的交互。

在施工开始之后，对施工进度，由业主项目部编制上报项目实施进度计划，获得批准之后下发给施工单位，施工单位依据批准的项目实施进度计划来编制施工进度计划和停电需求计划（如有停电施工），经施工项目经理、施工单位分管领导审核后报监理项目部审核，最后才到业主项目部审批施工进度计划和停电需求计划，审批通过后施工单位严格执行停电计划和落实执行施工进度计划，监理单位监督执行停电计划。在施工过程中，业主项目部每周检查参建单位进度计划的执行情况，采取有效措施纠正进度偏差。对于施工合同履约管理，业主项目部主要对设计、监理、施工合同执行情况进行过程管理与控制，及时解决合同执行过程中的各种问题，并依据设计、监理、施工、物资合同执行情况，审核合同款支付手续和各参建单位的索赔申请，向上级建设管理部门报备。施工单位按照批准的施工方案及设计变更文件组织现场施工。根据工程进展，严格工序验收，加强隐蔽工程以及工程重点环节、工序的质量控制。施工班组负责每天对安全文明施工设施的使用情况和施工人员作业行为进行检查，施工项目部一个月至少组织一次抽查，对尚需改进的方面提出改进方法及要求，项目经理每月至少组织一次安全大检查，维持安全文明常态化。在进行施工过程中各环节验收时，施工单位严格执行施工自检制度，严格完成自检及缺陷处理，配合各级质量检查、质量监督、质量竞赛、质量验收等工作，对存在的质量问题认真整改。经施工队自检、复检消缺，施工单位专检后才能申请监理单位验收。监理单位依据工程施工质量验收规范，组织勘察、设计，施工单位对施工中的隐蔽工程、特殊处理工程进行验收，形成工程验收记录，上报业主项目部审核。业主项目部根据工程质量监督检查计划，并结合监理验收记录，申请质监站进行质量监督检查。设计单位在施工阶段更多的是在前期开展设计交底工作，出现设计变更时及时履行设计变更审批手续，执行批准的工程设计变更，履行工程现场签证审批手续，执行批准的工程现场签证等设计变更管理工作。

输变电工程施工阶段管理信息交互流程从参与方、管理目标上都存在各个单位之间信息的贯通、协调、传递等关系，是一个多方共同参与的协同管理过程。信息作为协同管理中最重要的管理资源，承载着工程关键环节的数据资料等，在各参与方之间流通，对进度、质量、安全、费用四大工程目标的实现起到支撑作用。

（5）竣工验收阶段

在施工单位完成全部工程的建设及电气设备安装等工作后，开始竣工验收阶段。首先，施工单位根据工程进度控制计划，于整体工程竣工后组织三级自检消缺，合格后形成竣工验收申请，报监理单位审核。若施工单位自检不合格，则自身组织整改，合格后再上报监理单位审核。然后，监理单位根据竣工验收申请，审核施工单位竣工验收报告，并形成工程质量评估报告，报建设单位审核。最后，建设单位业主项目部审核施工单位竣工验收报告和监理单位工程质量评估报告，若有缺陷则令施工单位整改，整改合格后则组织各参与单位进行竣工预验收。施工单位根据"预验收报告"缺陷清单进行整改，并形成"验收整改回复单"报建设单位，建设单位据此出具竣工预验收报告。电力质监站在接到工程建设单位申请后，对输变电工程进行投运前质量监督检查，并出具工程质检意见书和并网通知书，最后下发工程竣工验收报告。

在整个工程竣工验收阶段，以施工单位工程验收为主要工作内容，监理单位和业主项目部都作为验收审核组织，对施工单位的建设工作审批验收，最后出具验收报告。各类竣工验收资料的上报、审批、核准后下发的交互流程都在施工单位、监理单位和业主项目部之间进行，形成基于工作流的信息交互关系。

（6）启动投资与结算阶段

各参建单位以及业主项目部完成工程竣工验收之后，首先，收集竣工投产资料和结算资料，建设单位负责竣工启动投产资料的归档，根据工程委托书在监理单位完成预验收后与造价咨询机构对接开展工作，工程竣工验收后由建设单位在十日内将完整的施工图纸、设备采购合同、其他费用相关合同、财务支出凭证、施工单位的结算报审表及相关工程建设过程中的资料（包括经审批的设计变更、现场签证以及其他管理资料及电子版）移交造价咨询机构。然后，业主项目部与造价咨询机构沟通并协调各参与单位汇总结算资料。施工项目部根据工程建设合同及四方确认的竣工工程量文件，编制上报工程结算书，报业主审查，配合财务完成工程结算、决算及审计，配合业主完成施工图预算分析、结算督察工作。施工单位还要参与建设管理单位组织的达标创优工作，按合同约定实施项目投产后的保修工作，即对工程质量保修期内出现的施工质量问题，应按时检查、及时发现问题，并分析原因、进行整改。最后，按照公司要求的结算原则在工程竣工验收后三个月内完成工程结算审核工作，并出具结算审核报告。

如图 4-4 所示的启动投资与结算阶段的工程管理信息交互流程中，以业主项目部为主线，各参建单位配合业主项目部的工作，资料文件移交、汇总结算资料等流程都体现了各单位不同工程管理信息的交互和流通，基于工作流的信息交互始终贯穿于项目建设全过程。

2. 工程项目目标的管理信息交互流程

在输变电工程全生命周期管理信息交互流程中，基于工程项目进度、质量、费用管理目标的交互流程也是管理信息的重要方面，如图 4-5　所示。

（1）费用管理信息交互流程

费用管理包括施工图预算、进度款支付和竣工结算管理三个主要环节的交互流程，如图 4-6 至图 4-7 所示。

在施工图预算管理信息交互流程中，首先由建设管理单位负责组织开展施工图管理工作，编制单位编制施工图预算文件，然后由建设管理单位自主选择开展专家审核、委托经研院（所）审核或者委托第三方审核机构审核三种方式完成施工图预算审核工作，业主项目部配合建设管理单位开展施工图预算审核工作，编制单位在审核完成后 5 个工作日内提交核定的施工图预算书，审核单位于审核完成后 15 个工作日内印发审核意见，最后建设管理单位负责将审定的施工图预算书归档，业主项目部配合建设管理单位结合施工图预算审核情况，依据勘察设计合同对编制单位进行评价考察。整个施工图预算管理信息的交互着重体现在施工图预算文件的编制和建设管理单位审核方面，在审核部门和编制单位之间形成交互信息流。

对于进度款支付管理信息交互流程，主要发生在施工阶段。首先，由施工单位或其他参建单位提出预付款、进度款支付申请。然后，监理单位在 3 日内完成支付申请审核并提交业主项目部，之后由业主项目部在 3 日内完成支付申请审核，通过信息系统确认审批结果并启动支付程序。最后，建设管理单位分管领导审批支付申请，审批合格后按照审批意见付款，各参建单位收到付款才算完成进度款支付管理流程。在整个支付管理流程中，信息交互发生在获得进度款的各参建单位和业主项目部、上级建设管理单位之间，确定了各支付申请后才能正式下发支付款项。

在竣工结算管理信息交互流程中，业主项目部负责组织完成竣工结算工作，施工单位在工程竣工验收后 15 天内完成竣工结算书编制并上报业主项目部初审，计划、科技、财务等其他管理部门向业主项目部提供可行性研究、环评等工程结算资料，物资管理部门提供物资采购费用等结算基础资料，设计、监理、咨询等参建单位在工程竣工验收后 15 天内编制费用结算书，同时上报业主项目部。业主项目部负责收集、预审和向上级建设管理单位上报工程结算资料。建设管理单位收到工程结算资料后，在 60 天内编制完成并上报工程结算报告。省公司在 100 天内审批竣工结算文件，出具审批意见并向建设管理单位移交审批意见。建设管理单位按照省级公司审批意见形成最终工程结算文件并移交财务管理部门，业主项目部也将所有最终结算资料移交建设管理单位，完成整个竣工结算管理流程。由于最终竣工结算涉及的单位、部门较多，管理流程比较烦琐，所以信息交互在所有部门之间都存在基于建设程序的信息传递和交流。

费用管理信息交互流程相较于各阶段的总体管理信息交互流程来讲，主要发生在上级建设管理单位、业主项目部和施工单位之间，是对工程建设过程中发生的费用进行详细梳理、统计，完成工程款支付的全过程。

（2）质量管理信息交互流程

输变电工程质量管理主要包括质量管理规划、标准工艺应用管理、质量通病防治管理、重点环节及工序质量管理、质量检查、设备材料质量管理、达标创优管理等。管理信息交互流程也包括输变电工程质量检查管理流程、项目质量责任量化考核工作流程、达标投产考核、优质工程评定等流程，本书重点分析输变电工程质量检查管理信息交互流程，如图4-8所示。

在质量检查管理流程中，首先，业主项目部以工程项目实际情况为依据，提前规划工程例行检查、专项检查、随机检查和质量巡查等活动，负责安排监理、施工项目部开展质量巡查工作。然后，业主项目部针对各类质量检查中发现的质量隐患和问题，下发质量检查问题通知单，要求责任单位进行整改，重大问题提交建设管理单位研究解决。监理、施工项目部按质量检查问题通知责任单位组织整改，对因故不能立即整改的问题，责任单位应采取临时措施，并制定整改方案计划报业主项目部审批，分阶段完成。各参建单位整改结束后，完成并提交质量检查问题整改反馈单，业主项目部对整改情况进行复核，若整改之后符合要求，则业主项目部针对质量检查中出现的问题进行通报和专题分析，督促责任单位制订针对性计划，对存在的质量通病制定根治通病的方案，保证现场质量在控制范围内。若复核中发现指出的问题没有得到整改，则施工、监理单位继续整改，合格后再进行通报、分析。最后，业主项目部、监理单位、施工项目部对审查进行总结，提高质量管理水平。

在质量管理信息交互流程中，质量作为项目建设最重要的目标之一，质量管理贯穿项目全生命周期。因此，针对质量管理的信息交互流程也始终按照项目建设管理程序存在于项目全生命周期各个阶段，从物资设备到各个参与方都存在信息交互关系。

（3）进度管理信息交互流程

输变电工程进度管理主要工作包括工程建设进度计划编制、检查计划执行情况、纠正进度偏差、进度计划调整等，信息交互流程如图 4-9 所示。

首先，业主项目部接收上级下达的电网建设进度计划，细化编制项目进度开展计划，并上报建设管理单位。然后，在建设管理单位审核项目进度开展计划之后，由业主项目部负责将项目进度开展计划分发给设计单位、监理项目部和施工项目部。接着，设计单位需要编制项目设计计划，施工项目组需要编制施工进度计划，物资供应单位负责提供物资到货计划。最后，都由业主项目部审批各参建单位编制的进度计划。工程开工后，业主项目部每周检查各参与单位项目进度开展计划的执行情况，及时矫正偏差。对于涉及停电施工的项目，还需要依据工程实际情况组织上报停电方案，并严格执行停电施工方案。对于不涉及停电施工的项目，先由施工项目部对自身施工进度实施计划执行情况进行分析、纠偏，然后由监理项目部在周例会上负责审核真实进度和计划进度偏差，给出计划调整意见报业主项目部。业主项目部审核后确定是否需要调整计划，如果需要调整则提出调整进度计划申请，如果不需要调整则各参建单位严格执行项目进度实施计划。在整个项目进度管理流程中，业主项目部作为信息交互的中间方，要向上级建设管理单位报送审核材料，接受审核意见，监督下级各参与单位执行进度计划，审核并分析进度偏差、调整进度计划等，是一个上传下达的信息交互关系。

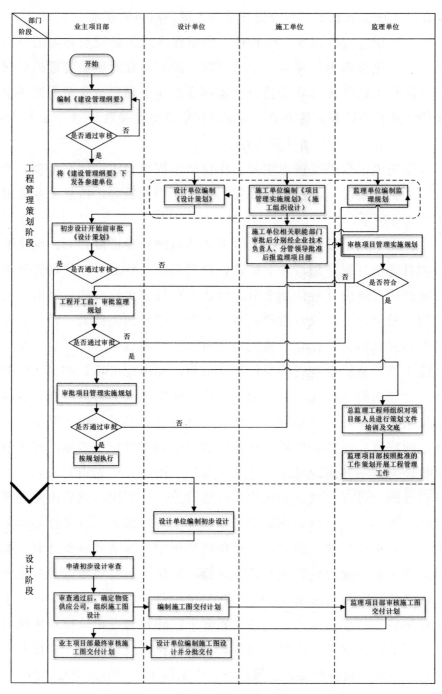

图 4-4 输变电项目全生命周期建设交互流程

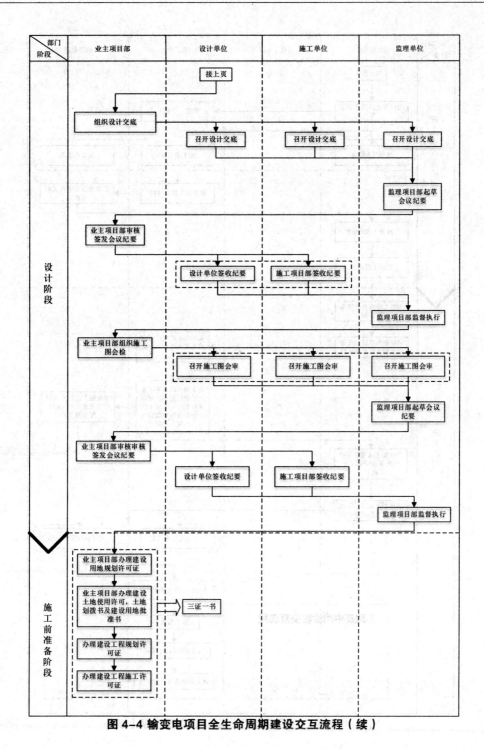

图 4-4 输变电项目全生命周期建设交互流程（续）

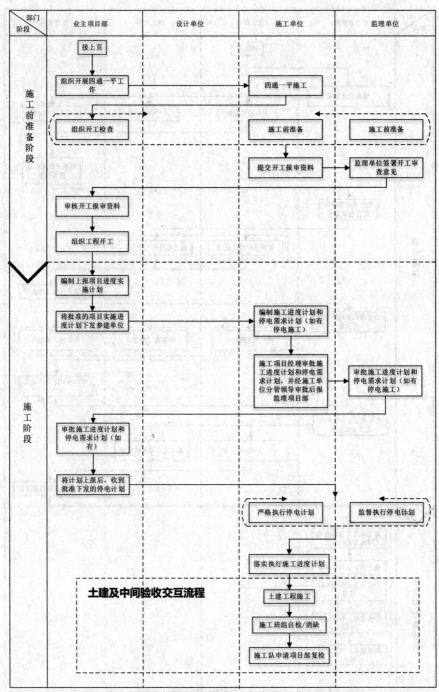

图 4-4 输变电项目全生命周期建设交互流程（续）

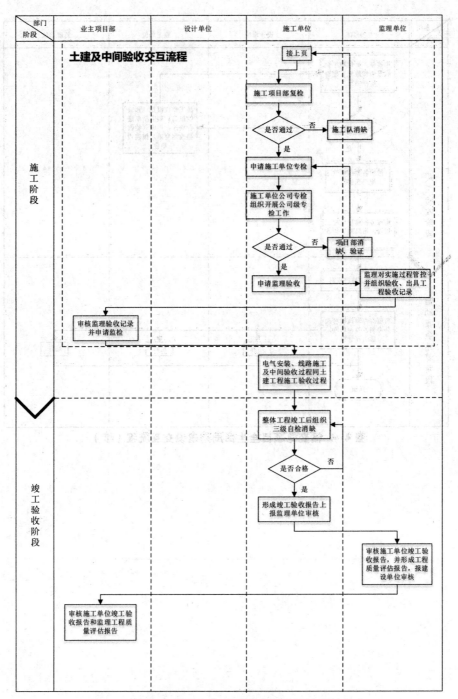

图 4-4 输变电项目全生命周期建设交互流程（续）

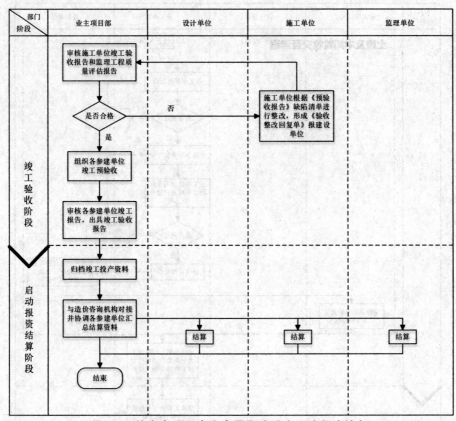

图 4-4 输变电项目全生命周期建设交互流程（续）

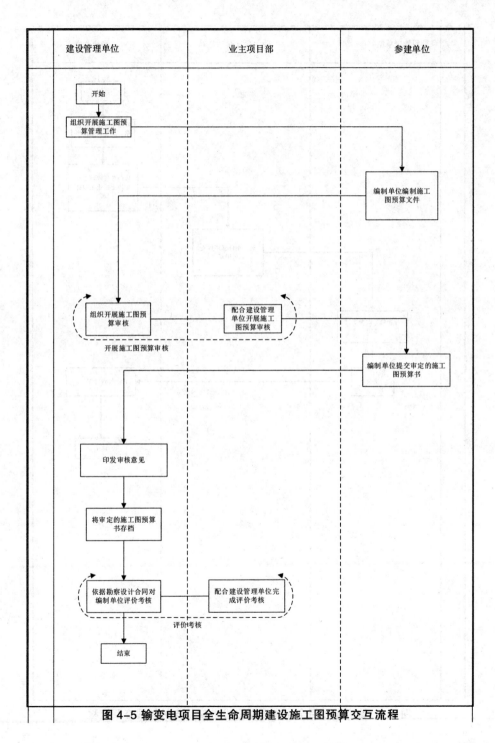

图 4-5 输变电项目全生命周期建设施工图预算交互流程

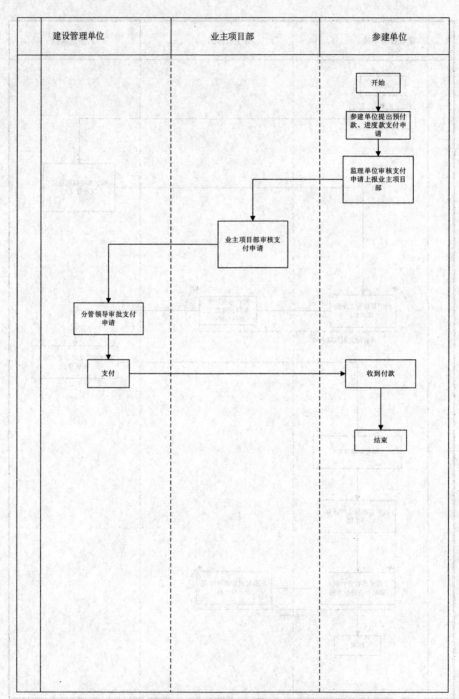

图 4-6 输变电项目全生命周期建设进度款支付管理交互流程

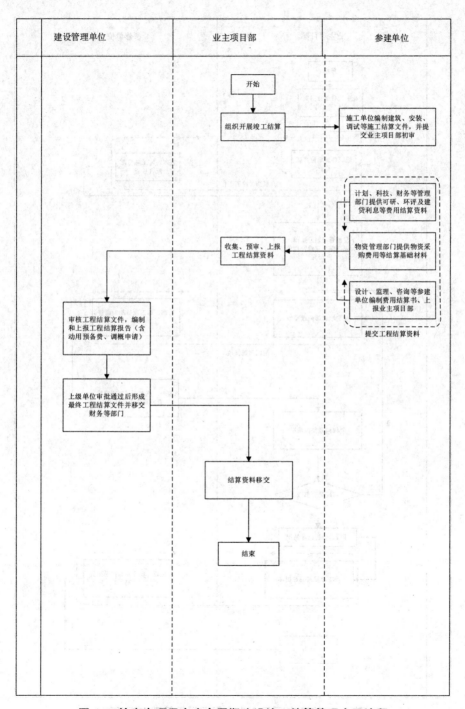

图 4-7 输变电项目全生命周期建设竣工结算管理交互流程

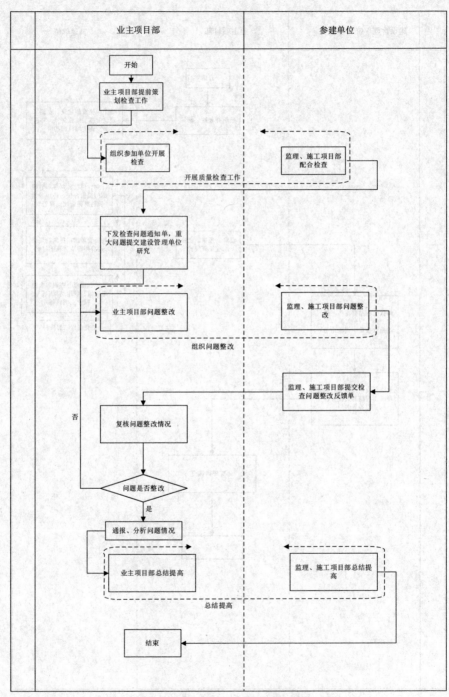

图 4-8 输变电项目全生命周期质量管理交互流程

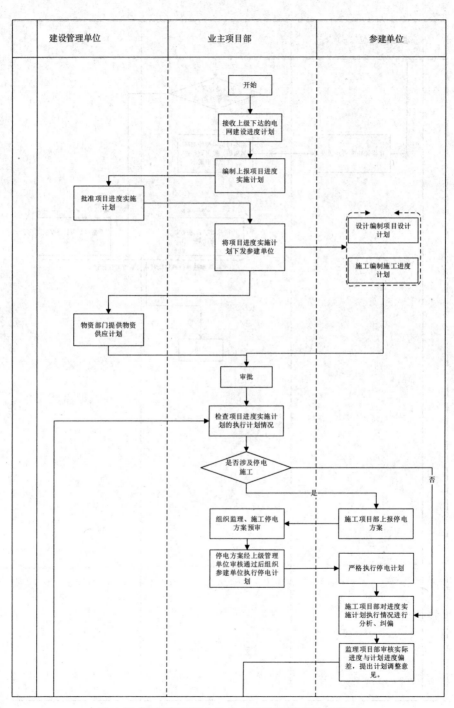

图 4-9 输变电项目全生命周期进度管理交互流程

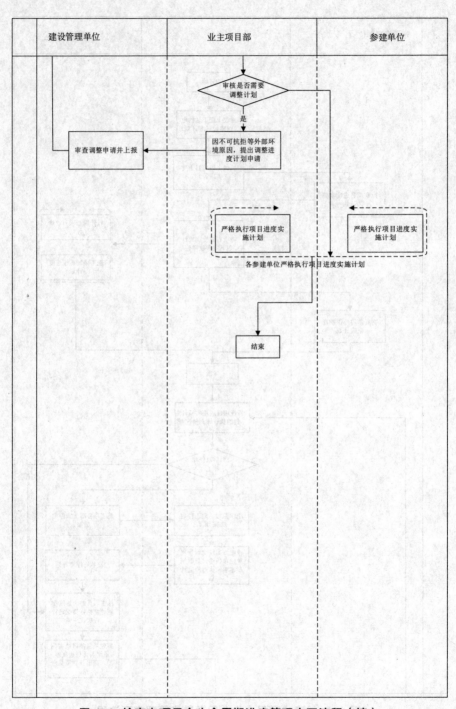

图 4-9 输变电项目全生命周期进度管理交互流程（续）

二、工程项目数据中心设计

（一）工程项目数据中心设计原则

输变电工程项目数据中心的建立是项目信息集成、实现全面信息化的核心所在。工程项目数据中心存储了所有在建工程项目管理的数据实体，是项目全面信息化管理实现数据在各参与方之间传递、共享的基础，数据中心建立是否合理可靠直接影响着管理体系的工作效率，因而数据中心的建立需要遵循一定的原则。

1. 数据中心内的数据库结构要分明，层次设计要合理

通常数据库的设计层次要自下而上，通过归纳合并的方式减少数据冗余。

2. 使用统一并且规范的数据格式与编码标准

这可以为提高数据的共享程度，保证数据中心可以与电力企业各部门的信息化管理系统实现数据共享和信息交流，为输变电工程在全生命周期建设过程中的数据传递、信息流的建立提供基础条件。

3. 注重提高数据中心的可兼容性和可靠性，保证数据的独立性

随着工程管理业务越来越多，产生的大量信息都存储在数据中心的数据库中，只有保持数据的独立性，才能在管理工作不断发生变化时保证数据库不会受到影响，而且对于数据库要设有专门的扩展接口来随时准备加设新的应用程序。另外，出于数据安全性考虑，需要对数据库不同模块的使用设置不同的权限，提高抗干扰性和数据的保密性。

4. 数据中心要具备可维护性和用户友好性特征

可维护性指的是数据中心的设计不是一成不变的，要能够依据用户实际需求进行改正、提高及适应环境变化；用户友好性主要指数据中心的功能使用要便捷、灵活、易操作，容易被用户接

受和使用。

5. 多种数据存储格式并用，提高数据中心工作效率

在实际工程项目全面信息化管理过程中，每日、每月、每季度产生的数据存储量较大，并且数据存储格式多样，包括 DOC、XLS、PDF 等，有的数据展示可以直接存储在数据中心中以数据表的方式进行管理，然而有的数据量较大，直接存储容易给计算机造成较大负担，可以采用上传至服务器的方式，存储于服务器中，通过调用进行管理。

6. 以用户需求为中心，转变数据思维

以往对于数据中心的建立人们重点关注数据，将数据采集作为数据中心的主要任务。然而，在面向大数据技术手段建立工程项目数据中心时，需要转变数据思维，以各方用户需求为中心，立足于满足用户数据需求来建立工程项目数据中心。

（二）工程项目数据中心设计架构

基于 BIM 的输变电项目全面信息化管理体系，建立在建工程项目数据中心。将工程建设过程中全生命周期信息上传录入项目数据中心内，实现项目信息统一保存、项目信息集成与共享、信息双向传递、项目信息分析预处理以及项目动态信息实时监控等功能，为各参与方进行项目协同管理提供数据支撑。工程项目数据中心功能总体设计如图 4-10 所示。

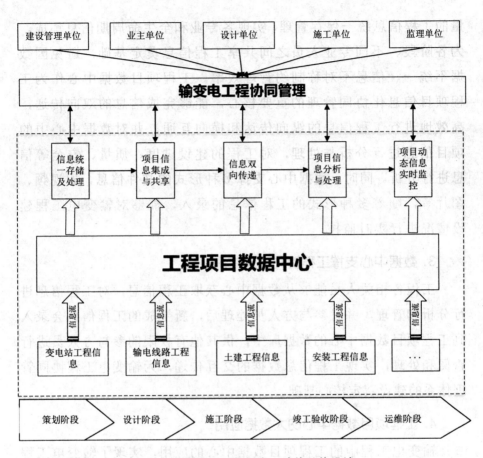

图 4-10 工程项目数据中心功能总体设计

1. 向数据中心上传工程信息

依据输变电工程建设全生命周期，分工程类型及工程专业向工程项目数据中心录入工程信息，如变电站工程各阶段信息、输电线路工程各阶段工程信息，土建工程信息及安装工程信息等。

2. 数据中心处理工程信息

数据中心对录入的各专业工程信息进行保存，将文档信息、视频信息等通过统一的保存格式，并按照信息管理目录分类保存于工程数据中心中，实现工程信息的统一保存及处理。通过将大量的工程信息统一保存管理，实现各专业和全生命周期信息集成，为各阶段、不同专业人员之间共享工程信息奠定基础，避免因数据不统一、信息不对称制约管理效率。工程项目数据中心作为工程项目信息化协同管理的重要核心，能够完成信息的双向传递，高效地进行工程信息的纵向传达和横向互通，并对数据中心中的项目信息进行分析与处理，对工程的建设进度、质量、安全等信息进行分析。同时，数据中心支撑多种形式的文件信息，如视频、图片等，随着多种形式的工程信息的录入，能够对输变电工程建设情况进行实时监控。

3. 数据中心支撑工程协同管理体系

工程各相关人员能够从数据中心获取工程信息，对工程信息进行分析和管理，并且参与方人员处理后，新生成的工程信息会录入到工程项目数据中心的数据库中，供其他有权限的参与方人员进行查阅和处理，实现工程信息数据的交互传递，为输变电工程协同管理体系的建设奠定核心基础。

4. 工程项目数据中心的大数据应用

输变电工程中的工程项目数据中心的应用，实现了输变电工程全面信息化管理。随着一个又一个工程逐渐完工，工程项目数据中心将会存储大量的历史工程数据，此时，可以利用大数据、云计算等技术合理利用历史工程数据进行数据挖掘、数据分析和处理，辅助相关人员进行决策。在此基础上，可以利用输变电工程大数据的价值进行大数据交易和共享、基于开放平台的数据应用、基于大数据的工具应用等活动。如图 4-11 所示。

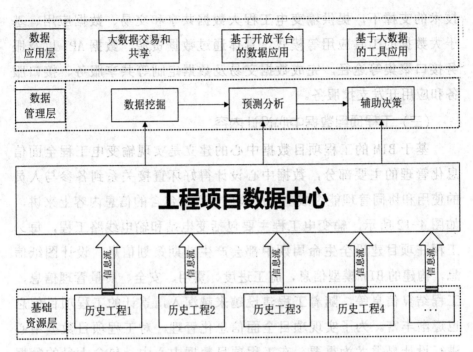

图 4-11 工程项目数据中心的大数据应用

（1）基础资源层。通过已完工程信息在数据中心的不断累积，形成大量的历史工程数据，这些海量的历史工程数据将成为应用大数据进行数据分析的基础数据资源。

（2）数据管理层。只有通过对大数据的分析才能挖掘到其内部潜在的价值。数据挖掘是大数据分析的核心，采用多种数据挖掘方法，挖掘历史工程信息中具有内涵价值的信息；预测分析是大数据分析的一个重要应用，具有全样非抽样、效率非精确、相关非因果等特点，通过预测分析，研究输变电工程的投资成本等的相关影响因素；智能决策是大数据分析结果的应用途径，通过人工智能、专家系统、智能分析等手段解决智能决策领域的复杂问题，辅助工程相关人员作做出更加合理的决策。

（3）数据应用层。大数据应用层在平台可视化技术和应用接口技术的支撑下，提供输变电工程大数据共享和交易、数据应用、基于大数据的工具应用等模式。具体通过数据资源、数据 API 以及服务接口聚集等途径，完成数据交易及数据定制等共享服务、接口服务和应用开发支撑服务。

（三）工程项目数据中心设计内容

基于 BIM 的工程项目数据中心的建立是实现输变电工程全面信息化管理的主要部分，数据中心设计得好坏直接关系到各参与人员的使用和协同管理能否成功。从数据中心所包含的信息内容上来讲，如图 4-12 所示，输变电工程主要包括变电站和输电线路工程，每一工程在项目建设全生命周期中都会产生前期策划信息，设计图纸信息，构建的 BIM 模型信息，施工进度、费用、安全、质量管理信息，工程结算信息等。随着工程建设越来越深入，累计的工程项目信息也逐渐丰富。为了实现项目全面信息化管理，对工程项目数据中心进行设计显得尤为重要。在工程项目数据中心中，包含大量的数据表格设计、数据库设计等内容，本节主要从数据库概念设计和项目信息数据表的设计两方面阐述。

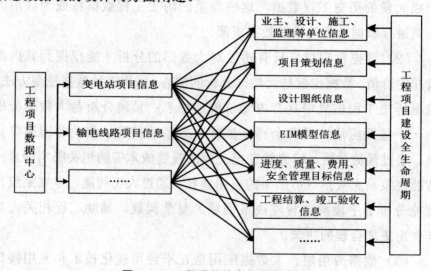

图 4-12 工程项目信息数据库内容

1. 数据库概念设计

数据库概念设计指的是按照用户需要满足的现实需求，建立抽象的概念数据模型，反映信息结构、信息流动情况、信息之间的相互关系以及所有用户对信息保存、查找和处理等要求。一般采用实体关系建模的方法来进行数据库概念设计，即 ER 图。E 表示实际中客观存在的事物，R 表示事物之间建立关联的方式。通常采用矩形框表示实体事物、菱形框表示联系、椭圆形框表示实体事物或者联系的属性。如图 4-13 表示数据库的某个 ER 图设计。

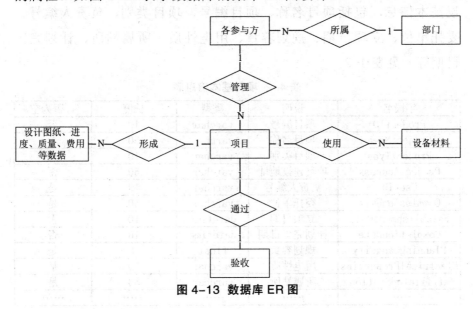

图 4-13 数据库 ER 图

2. 项目信息数据表设计

在工程项目数据中心中，对于项目人员信息、设备资产信息等可以采用数据表的方式展示，包括各参与方信息表、项目基本信息表、设备信息表和验收信息表等。对于项目设计图纸、BIM 模型、施工进度、质量、造价、安全管理等涉及的项目信息种类较多，形式不一，可以通过上传实际项目文件、图片、图表、视频等方式反映项目信息。

（1）各参与方信息表。各参与方信息表需要展示参与方角色、单位名称、单位资质等级、地址、联系电话等属性，标识每一参与方的唯一性，见表 4-1。

表 4-1 各参与方信息表

字段名	说明	类型	长度	可否为空
Usercharacter	参与方角色	varchar	10	否
Username	单位名称	varchar	50	否
Userql	单位资质等级	varchar	10	是
Address	单位地址	varchar	50	否
Telephone	联系电话	varchar	11	是

（2）项目基本信息表。输变电工程项目基本信息表反映项目建设基本信息，包括项目名称、项目编号、项目类别、负责人编号、委托单位、立项日期、规划容量、用电性质、所属站所、计划完工日期等，见表 4-2。

表 4-2 项目基本信息表

字段名	说明	类型	长度	可否为空
ProjectID	项目编号	varchar	10	否
ProjectName	项目名称	varchar	50	否
ProjectType	项目类别	varchar	10	是
ProjectAddress	项目建设地址	varchar	50	否
UserID	负责人编号	varchar	10	是
CommissionUnit	委托单位	varchar	50	是
EstablishmentDate	立项日期	datetime	10	否
CompletionDate	计划完工日期	datetime	10	否
PlanningCapacity	规划容量	float	4	是
ElectricalProperties	用电性质	varchar	10	是
AffiliatedStation	所属站所	varchar	50	是
……	……	……	……	……

（3）设备信息表。设备信息表需要记录输变电设备安装过程中用到的设备名称、编号、数量、类型、厂家等信息，见表 4-3。

表 4-3 设备信息表

字段名	说明	类型	长度	可否为空
EquipmentID	设备编号	varchar	20	否
EquipmentName	设备名称	varchar	30	否
EquipmentType	设备类型	varchar	30	是
EquipmentNumber	设备数量	varchar	10	否
字段名	说明	类型	长度	可否为空

EquipmentParameters	设备基本参数	varchar	100	否
EquipmentManufacturer	供货厂家	varchar	20	是
……	……	……	……	……

（4）验收信息表。验收信息表主要是在输变电工程竣工结算阶段用于整理保存项目验收信息，便于项目管理单位查阅、分析项目建设过程中的不足，项目评优时可作为参考依据使用等。一般情况下，输变电工程项目验收信息包括项目编号、审批编号、实际结算造价、实际工期、审批结果、备注等，见表 4-4。

表 4-4 验收信息表

字段名	说明	类型	长度	可否为空
ProjectID	项目编号	varchar	10	否
AprrovalID	审批编号	varchar	10	否
ActualCost	结算实际造价	varchar	10	否
ActualDate	实际工期	datetime	10	否
AprrovalResult	审批结果	varchar	30	否
Content	备注	varchar	500	否
……	……	……	……	……

在输变电工程项目全面信息化管理过程中，信息表用于存储项目建设部分信息，同时还可通过上传电子文档、图片等反映项目开展过程。工程项目数据中心是实现项目全面信息化管理的信息来源，基于大数据思维的 BIM 理念，形成项目数据资源库，便于查询、分析、复用信息，用于数据分析决策，发挥信息价值。

（四）工程项目数据中心功能分析

作为存储大量工程项目建设信息的数据中心，在业务功能设计上不仅要实现基本数据中心的功能，如数据信息的上传、存储、修改和调用等，还要满足项目各参与人员分析工程项目数据、传递信息的需要。从工程项目数据中心的满足需求上，将数据中心需要实现的业务功能阐述如下。

1. 信息的收集存储

在输变电工程项目开展过程中，每时每刻都会产生大量信息，各人员需要识别与项目相关的各类信息，有形的如资源信息、管理作业信息、材料资产信息、跟踪报表等；无形的如项目施工技术、施工工艺、经验等。在信息的收集过程中，各方人员按照一定的信息存储规则将数字和非数字化信息上传存储在建成的基于知识集成体系的工程项目数据中心中，使此类数据中心不同于普通电子文件只是能够存储和查阅，而是可以直接为相关软件计算分析，提供数据。

2. 信息的加工和处理

采取一致的项目结构分解 WBS、适当的信息化分类标准和信息化编码将采集的信息进行系统化、标准化的加工和处理。比如将人材机等相关信息统一划归到资源库中；对施工作业进行三级或多级分解，形成以施工工序为基本单位的管理工作链。标准化和系统化后的项目管理信息，可为计算机识别和操作，成为多项目、多参与方、多要素之间进行信息传递共享的一致语言。

3. 信息的维护和使用

所建立的数据中心除了必须具备的查询和存储功能，还必须拥有后期的管理和维护功能，目的是为新技术和管理方法在项目管理中应用和发展提供接口。

4. 数据中心访问权限设置

工程项目数据中心是为实现输变电工程全面信息化管理而设计的项目信息管理数据资源，各参与方通过上传、添加、删除项目数据信息，实时监督、分析项目建设过程中的不足并提出完善意见。为了实现项目各参与人员之间的协同管理，需要对不同人员设置不同的数据库访问权限，比如：业主可以访问项目前期策划、设计、施工直到项目建设完毕的所有阶段的项目信息，施工单位对数据库的使用权限有限，可以访问施工阶段的项目信息，对设计阶段的信息可以查阅。通过赋予不同参与人员不同的数据库访问权限，从项目信息管理上形成全参与方、全过程的数据流共享与传递。

5. 项目建设信息的分析、指标计算

工程项目数据中心除了满足所有项目信息的存储、处理、使用功能以外，还需要具有一定的计算分析功能，特别是对于施工阶段项目进度、质量、安全、费用四大目标的完成情况，需要依据上传的数据计算分析指标，便于业主、管理单位更清晰明了地了解项目开展情况。

6. 多项目决策支撑

通过在工程项目数据中心内累计海量的多项目工程信息，可以进行数据挖掘分析，为其他项目的投资决策提供数据支持。

三、工程项目协同管理体系的建立

（一）工程项目协同管理的内涵和外延

1. 工程项目协同管理的内涵

协同是指通过对多个不同的个体以及相关资源的协调，在相互依赖和资源共享的基础上共同实现计划目标的实现过程。协同管理指通过组织与协调异质资源来保障工作可以有效地完成的过程，其中异质资源是指在不同个体之间可以互补的不同资源。工程项目全生命周期协同管理是现代工程项目需求和发展的产物，由于工程项目有着人员流动性强、资源多种多样、组织关系复杂等特点，因此，需要运用协同管理理念对项目相关人员及项目资源进行整合，从而更好地实现项目目标。主要方式包括过程协同、职能协同以及信息协同。基于 BIM 的工程项目全生命周期协同管理就是指运用信息化技术，完成工程建设项目全生命周期中不同阶段各参与方的协同，如图 4-14 所示。

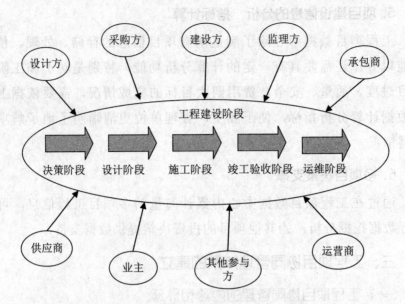

图 4-14 工程建设项目全过程各参与方

在工程建设项目全过程中，可划分为决策阶段、设计阶段、施工阶段、竣工验收阶段和生产运维阶段。基于 BIM 的工程项目全生命周期协同管理是指在借助 BIM 等信息化手段的基础上，以业主为中心，应用工程协同管理理念，协调管理工程项目建设每个阶段的事项活动，使项目与计划目标无偏差地开展，而项目其他方相关人员则根据自身职责配合完成有关工作，实现工程项目的建设目标。

总得来说，工程项目全生命周期协同管理是一种以信息技术为支撑的一种高效的工程项目管理模式，以系统性管理思想为基础，综合考虑了工程项目从前期决策到后期运营维护全生命周期中各参与方在项目执行过程中的动态关系以及项目全过程中信息的高效传递和数据共享，从项目整体出发，对工程项目全过程中的组织、要素、主体和信息进行系统化、科学化管理，全面优化项目的质量、进度和工期等目标。

2. 工程项目协同管理的外延

工程项目全生命周期协同管理相较于一般的工程项目管理，将项目管理生命期在传统的意义上加以延伸，外延至项目前期策划至后期的运营维护，在保持了工程项目的系统性、整体性和连续性的同时，应用协同的理念，对复杂的管理系统中每个子系统进行时空和功能结构的重组，产生一种"竞争－合作－协调"能力，其效应远远大于各子系统效应之和，达到管理对象和管理系统完整的内部联系，提高项目整体协同管理程度，产生协同效应，指导实际工程项目管理活动。在推进工程项目全生命周期协同管理的过程中，还需要注意以下协同管理的外延部分。

（1）整体性、高度性。从项目管理的组织结构来看，协同管理工作的推进需要依靠高层决策人员的支持，推进过程是自上而下的，高层领导人员的决策起到十分重要的作用。在推进协同管理的过程中势必会涉及组织变革、人员调配、工作流程改进和绩效评价改革等，对原有管理组织模式造成冲击，在协同管理过程中遇到阻碍。从项目管理全过程来看，每个环节相互关联、互相影响，具有高度的整体性。在时间跨度上紧密联系、相互配合，构成一个庞大的管理协同体系。另外，协同管理还具有目标整体性和内容整体性的特点。项目目标是由一个个子目标构成，其实现必定是项目所有子目标的实现，任何一项的缺漏都代表着没能达成项目的最终目标。内容整体性体现在一个项目被划分为若干个子项目之后，任何一个子项目没有完成都意味着项目没有完成，内容存在不完整性，可能会带来严重的项目缺陷，影响项目目标实现。

（2）各专业配合参与。输变电工程的专业分工细致并且专业性极强。在项目全生命周期协同管理过程中，必须要求各个专业的技术人员参与，提供与专业相关的实施技术方案等，确保组织协同管理的可行性。

（3）协同目标的统一与分解。协同管理的目的就是为了实现项目在进度、质量、安全、费用、设计等各个方面的目标，为了实现统一目标，在协同管理实施中往往各个项目部需要制定相应的项目总目标，再进一步分解到小组目标、个人目标。同时，小组目标、个人目标不能与项目总目标相悖，要统一于项目总目标，需要在协同管理中考虑目标的协同，处理目标冲突的地方，才能有效实现统一。

（4）全要素、全参与方、全目标的协同。项目管理本身就是一个全人员、全目标、全管理要素参与的管理体系，在协同管理中更是加深了对"三全"（全要素、全参与方、全目标）的强调，全人员从项目前期策划就开始参与协同管理，直到项目生产运维阶段所有参与的管理、技术人员都涵盖在协同管理组织体系中。全目标是一种集成式管理，包括项目投资、进度、成本等各类目标。全管理要素不仅包括人、材、机三类主要管理要素，还包括方法、市场、资金、制度、文化等要素的协同管理。因此，从项目管理对象的角度上来讲，协同管理同样涉及全要素、全参与方和全目标的管理。

（5）信息化协同的参与。基于BIM的项目管理建筑信息模型的加入使得工程管理信息化成了现实，将信息化的管理理念完全与工程全生命周期管理相结合，突破传统信息化管理的固定模式，充分将建筑信息模型应用到设计、施工管理的全过程，包括材料监管、施工技术检测和后期验收阶段的质量分析等。在信息化协同管理中，信息技术的引入也带来了多样化信息管理模式，突破单一化的管理模式，实现多维度的管理。

（二）工程项目协同管理架构

基于BIM的工程项目全生命周期协同管理应用BIM信息技术，解决工程项目中的信息协同问题，成功地将工程项目全生命周期每个阶段信息集成并共享，缩短信息传递层次，降低信息失真效率，有效实现项目各参与方之间的协同管理。因此，本节协同管理体系的设计思路是以BIM模型作为项目各参与方交流与沟通的信息载体，通过工程项目数据中心，将项目各个参与方的管理信息有效集成起来，进行信息数据的集成与共享，最终实现动态监控，从目标协同、技术协同、过程协同、要素协同、全参与方协同五个子模块的协调工作来共同组成工程项目协同管理体系的系统框架。各参建单位在工程建设全过程和各个单位工程之间形成对于项目全要素，包括人、机、料、法、环在内的协同信息流，建立协同管理体系框架，如图 4-15 所示。

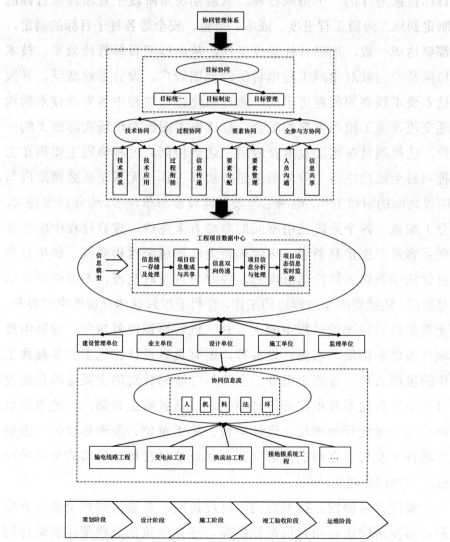

图 4-15 基于 BIM 的工程项目全生命周期协同管理体系框架

在基于 BIM 的工程项目全生命周期协同管理体系中，目标协同、技术协同、过程协同、要素协同和全参与方协同五个子模块的协同工作使得各方相关人员信息随时随地共享，相互沟通交流更加便利。目标协同是五个子模块中最重要的协同部分，是指导工程项目管理目标持续进行的一个协同过程。从前期决策阶段中对项目总目标的制定到施工阶段工程进度、成本、质量、安全等各种子目标的制定，都要达成一致，加强目标管理工作，从而提高目标管理效率。技术协同是专门针对电网工程项目所涉范围较广、设计专业宽泛，导致技术要求较高的问题提出的，通过强化建设过程中各专业技术的沟通交流、施工组织方案的配合、设计施工图纸与现场实际施工的一致，使得项目在施工技术及应用上达到协同。过程协同主要指在工程项目全过程中各个阶段衔接进行协同工作，尤其是要强调阶段与阶段之间的衔接工作。电网工程项目建设参与单位多，专业跨度较大，分工细致，各个阶段又由不同的参与方来完成，建设过程中的相互联系容易产生信息断层，导致项目无法形成全过程协同。如果在项目管理中强化各阶段信息沟通，各参与方及时交流，不但能避免信息断层，还能完成全过程协同工作，有利于项目整体管理效率的提升。全要素协同将建设过程中的人、材、机等协调统筹规划，包括组成项目实体的钢筋、水泥、设备等，还有负责设计、施工等各具体工作的班组人员、管理小组等。全参与方协同针对的主要是项目建设过程中所有的参建单位和管理单位，包括省级主管部门、地市级供电公司、建设管理单位、设计单位、施工单位、监理单位等，需要实现各个参与方之间的信息交互，保证项目在每个环节的交流是经过各方协同管理的结果。

实现目标协同、技术协同、过程协同、要素协同和全参与方协同，需要借助工程项目信息数据库，建立建筑信息模型，实现协同管理流程，主要包括信息存储及处理、信息集成与共享、信息双向传递、项目信息分析与处理、项目动态信息实时监控五个环节。其中，信息存储及处理能将具有不同平台权限的各参与方上传的文件资料、视频信息等通过统一的存储格式，并按照信息管理目录分类存储于数据中心，同时，赋予不同的管理人员处理信息的权限。信息的存储处理，是完成信息集成与共享等其他功能的基础。项目信息集成与共享，包含项目多专业信息集成、全生命周期集成等，如图 4-16 所示。共享主要指各方相关人员对相关工程建设信息的分享，借助信息协同平台使信息更加高效地纵向传达和横向传递，真正达到"纵向贯通，横向耦合"的信息共享，同时以免因信息不对称而拖延工程进度。然后，通过双向传递的信息对其进行分析与处理，得到最终的协同处理结果。在建设过程中通过视频、图片等方式对项目信息动态监控，有效达到协同管理。

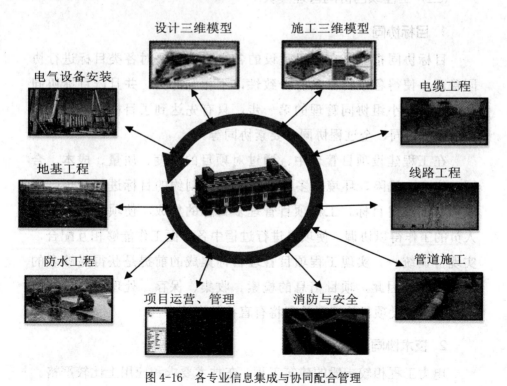

图 4-16 各专业信息集成与协同配合管理

在协同管理体系的支撑下，建设管理单位、业主单位、设计单位、施工单位、监理单位等在项目各专业设计、施工等阶段形成协同信息流。协同信息流则反映建设工程中的人、材、机、料、法、环六方面的协同处理关系。比如：在变电站建设工程中，电气设备一般要等到变电站建筑工程基本完工后才能安装，此时施工单位要与物资供应公司、业主项目部等确定材料的供应时间，协同商量工程进度计划执行情况，在交流过程中就形成以物料供应为处理对象的协同信息流，同时在协同管理模式下各参与单位的连接被建立起来，在协同信息流的专业交叉点关联项目资料、图纸、进度和现场图片等多媒体资料，可使各参与方了解工程现状以提前按需调配人材机，有助于施工现场和材料机械的高效利用。

（三）工程项目协同管理模块

1. 目标协同

目标协同指的是在项目建设的各个阶段需要对各类目标进行协同管理，使得各项目标具有一致性，不相互冲突。并且，目标协同是项目管理小组协同管理的第一步，只有先达到了目标协同，才能要求技术协同、全过程协同、要素协同等。

在工程建设项目管理中，通过对项目的进度、质量、成本、合同、安全、风险、环境等多个互相影响和制约的目标进行管理，形成项目的最终目标。工程项目管理多目标的集成，使项目各方参与人员的工作得以协调，使项目进行过程中各方面工作能够相互配合，实现协调统一。实现工程项目管理目标集成的前提是获得足够多的项目信息，因此，项目信息的检索、收集、保存、处理和传递的效率对工程建设项目的管理效率将有直接的影响。

2. 技术协同

电力工程相较一般的建筑工程，在技术要求和应用上比较严格。

影响电力工程项目建设的技术因素很多，包括施工工艺、项目各建筑物的地质水文状况、地基条件、设备系统的构成以及复杂程度等。现代工程项目规模广、参与单位多、涉及范围增大、设计专业广泛，因此，对技术有更高的要求。越来越多的专业技术（例如，数字技术、信息技术等）应用于工程项目管理当中以适应工程要求。

技术协同是面对工程建设中所有的技术要求，协同设计、施工、监理等各参与方的建设技术水平及要求，对出现的技术问题通过各方沟通协商解决，在前期技术设计中充分考虑施工方技术水平，提供与之相符合并达到业主建设要求的设计图纸，在整个施工过程中各专业施工班组与设备系统配套使用，达到协同管理的目的，在技术要求和应用上高度协调一致，确保项目最终建设目标的实现。

3. 过程协同

电力工程项目建设全过程可大致分为前期策划、设计、施工、竣工验收和生产运维检修五个阶段，协同管理不仅是前期策划的工作，而且要求工程项目的全过程和阶段衔接进行协同工作。由于工程项目涉及专业跨度广、分工细致等特点，项目各阶段由不同的参与方完成，在过程中容易产生信息断层。假如工程项目管理中各阶段信息交流得到强调，各参与方及时沟通，不但能避免信息断层的出现，还能实现项目全过程的协同作业，项目整体管理效率也将得到大大提升。

4. 要素协同

要素协同指的是对建设过程中使用到的各种资源进行协同管理，包括人、材、机等各种使用要素，还有建设环境、施工方法等各类资源也要实现协同管理。要素协同是工程项目实施的物质基础，要重视建设过程中对项目要素的管理工作，从要素全生命周期的角度进行协同管理，在不同阶段负责同一要素管理的人员可能不同，各经手人需要做好过程交接管理工作。同时，工程项目组织关系复杂，层次明显，要素的配置过程普遍是各方博弈的结果。在项目管理中，既要重视要素分配，也要重视要素管理，同时追踪每一项目要素的管理工作执行情况，做到对各类资源使用情况了然于心。

5. 全参与方协同

工程项目全生命周期协同管理的重中之重是各参与方的沟通及交流，为了实现信息的实时共享，保证工程各阶段信息沟通更加便捷，需要执行全参与方协同管理，使得各参与方能够更准确地得到项目信息，共同协作响应项目目标。

为了实现全参与方协同管理，必须通过技术手段完成项目各阶段之间以及参与方之间信息系统的集成，主要利用信息系统进行工程项目的数据收集、处理、交流、传递等，同时辅助系统进行工程项目的信息管理，再通过协同管理平台开展全参与方在全过程的协同管理工作。最终，基于 BIM 的工程项目全生命周期信息化协同管理在 BIM 协同管理平台的支撑下，对全目标、全过程、全要素和全参与方都引入协同管理理论，达成项目全面信息化协同效应。

(四) 工程项目协同管理流程

基于全面信息化中对于协同管理的总体设计，对工程建设项目进行协同管理的流程大体可分为三步：协同管理分析、决策与执行、管控和反馈。

通过协同分析、得到决策结果后实施协同方案，对协同过程进行控制，对结果开展反馈工作，有利于形成整个协同管理工作的运行机制，协同管理流程起到重要的规范和引导作用。

1. 协同管理分析

协同管理分析指的是对工程项目进行协同管理之前，应先对整个工程项目进行整体性分析，包括目标协同分析。由于在实际工程项目建设过程中的目标与协同目标总是会存在一定的偏差，对于协同管理要以信息的良好沟通为前提，把握整个系统的发展方向。因此，在协同管理分析中首先要做的就是协同目标分析，认清建设项目要达到的协同目标与项目目标之间的差距，在原有建设管理目标的基础上加入协同管理理论，建立协同管理目标。另外，对建设项目中的各个协同要素进行筛选，对得到的主要协同点进行管理。比如：在全过程协同管理中，设计阶段与施工阶段的衔接作为项目模型向实体转化的重要阶段，一般有较多的异议和更改，为了实现协同建设目标，应将此衔接点作为主要协同点进一步强调。要想在工程项目中进行协同管理，必须先通过目标协同分析和关键点筛选来整合项目建设活动，为下一步做出正确的决策提供保障。

2. 决策与运行

通过基础分析对项目整体协同管理有了大概的认识后，需要制定协同决策机制，实现协同效应。协同决策机制是工程项目管理系统对规划、设计、施工、供应等工程建设活动做出的协同规划和制定，是各参与方之间信息的对接和交流，是共同对工程项目建设与管理的具体过程进行决策的机制。各参与方需要依据决策机制来开展协同管理行动。依托 BIM 平台，协同管理活动流程如图 4-17 所示。

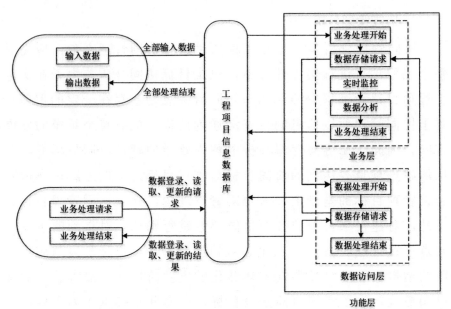

图 4-17　协同管理运行流程

由不同的参建单位将项目信息录入工程项目数据中心，对协同工作开始进行处理。首先将录入的资料信息进行保存，对建设项目进行实时动态监控，进行数据处理与分析；然后分析更正结果后，将最终文件资料上传，输出数据，完成整个协同处理工作。任何一个协同处理工作，都不是一方的事情，需要各参建单位共同依托平台来完成，只有这样才能达成协同效应。

3. 管控和反馈

完成协同管理工作后，对协同结果的控制与反馈也是必要的一点。它将管理协同的顺利进行和管理协同效应的最终实现牢牢地连接在一起。控制系统目标与协同目标两者的偏差，以免在工程项目中产生不切实际的目标。将协同效果的信息实时反馈到工程项目管理的分析阶段，分析最终的协同结果是否达到工程项目的预期协同效应，或者是否为工程项目初期追求的协同效应。通过反馈信息的分析比对，可以保证工程项目协同管理的实际效果。对协同管理结果的控制和反馈，成为协同管理分析、决策与执行两者之间的桥梁，促进协同机制更好地运行。

前期分析的结果对后期的决策与运行有很大的影响，因此，前期分析是协同管理运行机制的基础。决策与运行阶段是工程项目协同管理活动的实际操作过程，可将前期分析内容直接体现在工程项目管理中，同时基于 BIM 协同管理平台，提出项目全生命周期信息化协同管理方案。为了达到更好的协同管理效果，管控与反馈是极其必要的步骤，进一步优化协同工作流程，最终完成更有效的项目协同管理。

第五章　基于BIM的工程数字孪生技术应用

一、案例工程概况

本案例选取某地区变电站进行分析。该地区的地形并非十分平坦，属于低地势地区，该地区西边地形高，东边地形低，东西两面有接近4%的倾斜程度。该变电站西侧距离煤矿专用铁路接近1.5m，距离公路大概567m。该地址附近有市政公路，同时新建一条进入变电站的道路，约为567m。因此该变电站所在地址便于建设期间的交通出行，能够保证出线畅通。

1. 主变容量

本站规划规模为3×180MVA主变压器。其中，两台为三卷变压器，电压等级为220/110/10kV，容量比为100/100/30；一台为两卷变压器，电压等级为220/110kV，容量比为100/100。首期建设2×180MVA三卷变压器。

2. 变电站各级电压出线回路数

220kV出线：规划4回，首期建设2回。

110kV出线：远期规划12回，首期建设4回。

10kV出线：远期规划12回，首期建设站内部分。

3. 无功补偿及消弧线圈

两台三卷变压器每台主变10kV侧加装3组8Mvar电容补偿装置。首期预留消弧线圈位置。

通过"项目进度——里程碑计划"查看项目进度的相关信息，如图5-1所示，包括计划开工时间、计划完工时间、计划工期、责任人、前置任务、年度计划、月度计划、周计划等信息，系统根据这些信息自动生成横道图。

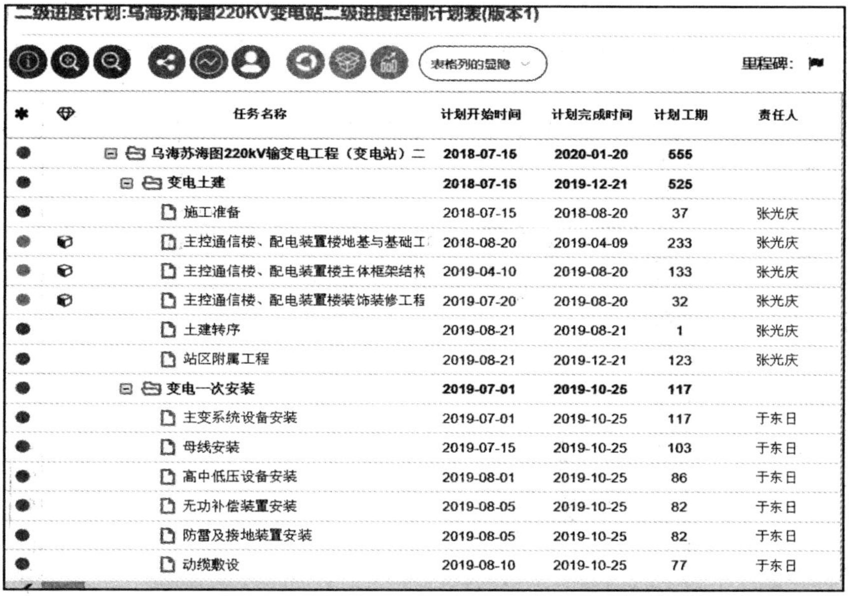

二级进度计划:乌海苏海图220KV变电站二级进度控制计划表(版本1)

*		任务名称	计划开始时间	计划完成时间	计划工期	责任人
●		乌海苏海图220kV输变电工程（变电站）二	2018-07-15	2020-01-20	555	
●		变电土建	2018-07-15	2019-12-21	525	
●		施工准备	2018-07-15	2018-08-20	37	张光庆
●		主控通信楼、配电装置楼地基与基础工	2018-08-20	2019-04-09	233	张光庆
●		主控通信楼、配电装置楼主体框架结构	2019-04-10	2019-08-20	133	张光庆
●		主控通信楼、配电装置楼装饰装修工程	2019-07-20	2019-08-20	32	张光庆
●		土建转序	2019-08-21	2019-08-21	1	张光庆
●		站区附属工程	2019-08-21	2019-12-21	123	张光庆
●		变电一次安装	2019-07-01	2019-10-25	117	
●		主变系统设备安装	2019-07-01	2019-10-25	117	于东日
●		母线安装	2019-07-15	2019-10-25	103	于东日
●		高中低压设备安装	2019-08-01	2019-10-25	86	于东日
●		无功补偿装置安装	2019-08-05	2019-10-25	82	于东日
●		防雷及接地装置安装	2019-08-05	2019-10-25	82	于东日
●		电缆敷设	2019-08-10	2019-10-25	77	于东日

图 5-1 里程碑计划界面

通过“形象进度月计划”可以查阅各工序实际完成情况和部位编码等信息，如图 5-2 所示。可通过进度计划模拟以动画的方式展示现有计划下的变电站建造过程，有利于及早发现进度中的问题并及时整改。

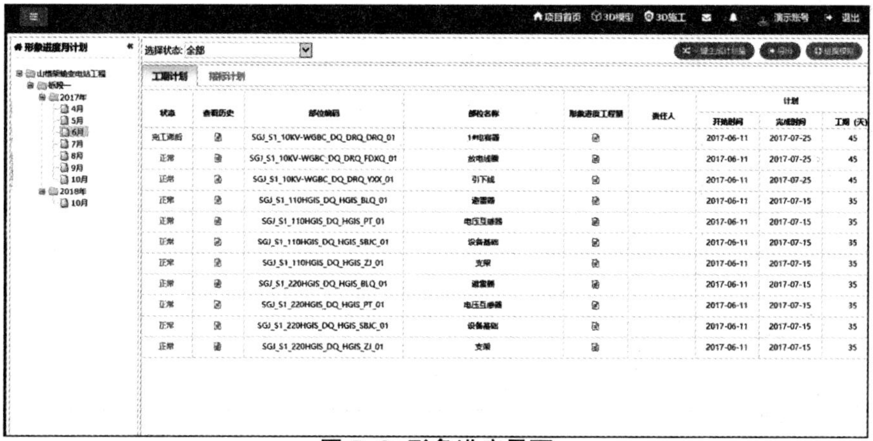

状态	查看历史	部位编码	部位名称	形象进度工程量	责任人	计划 开始时间	计划 完成时间	计划 工期（天）
完工滞后		SGJ_S1_10KV-WGBC_DQ_DRQ_DRQ_01	1#电容器			2017-06-11	2017-07-25	45
正常		SGJ_S1_10KV-WGBC_DQ_DRQ_FDXQ_01	放电线圈			2017-06-11	2017-07-25	45
正常		SGJ_S1_10KV-WGBC_DQ_DRQ_YXX_01	引下线			2017-06-11	2017-07-25	45
正常		SGJ_S1_110HGIS_DQ_HGIS_BLQ_01	避雷器			2017-06-11	2017-07-15	35
正常		SGJ_S1_110HGIS_DQ_HGIS_PT_01	电压互感器			2017-06-11	2017-07-15	35
正常		SGJ_S1_110HGIS_DQ_HGIS_SBJC_01	设备基础			2017-06-11	2017-07-15	35
正常		SGJ_S1_110HGIS_DQ_HGIS_ZJ_01	支架			2017-06-11	2017-07-15	35
正常		SGJ_S1_220HGIS_DQ_HGIS_BLQ_01	避雷器			2017-06-11	2017-07-15	35
正常		SGJ_S1_220HGIS_DQ_HGIS_PT_01	电压互感器			2017-06-11	2017-07-15	35
正常		SGJ_S1_220HGIS_DQ_HGIS_SBJC_01	设备基础			2017-06-11	2017-07-15	35
正常		SGJ_S1_220HGIS_DQ_HGIS_ZJ_01	支架			2017-06-11	2017-07-15	35

图 5-2 形象进度界面

通过“工程划分”可查看每个分部分项工程的工序信息，录入这些信息的方式既包含手动增加，也包含直接导入（需要按照要求的模板进行导入），如图 5-3 所示，这种方式大大减少了录入工程信息的工作量，提高了工作效率。

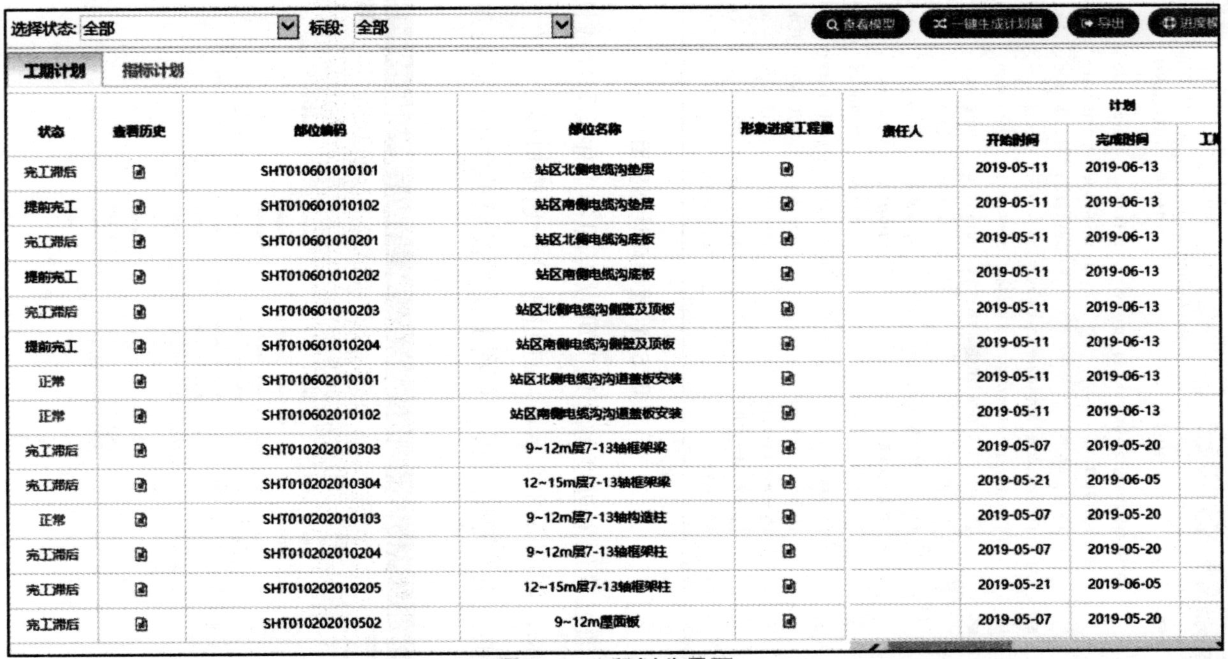

状态	查看历史	部位编码	部位名称	形象进度工程量	责任人	计划 开始时间	计划 完成时间
完工滞后		SHT010601010101	站区北侧电缆沟垫层			2019-05-11	2019-06-13
提前完工		SHT010601010102	站区南侧电缆沟垫层			2019-05-11	2019-06-13
完工滞后		SHT010601010201	站区北侧电缆沟底板			2019-05-11	2019-06-13
提前完工		SHT010601010202	站区南侧电缆沟底板			2019-05-11	2019-06-13
完工滞后		SHT010601010203	站区北侧电缆沟侧壁及顶板			2019-05-11	2019-06-13
提前完工		SHT010601010204	站区南侧电缆沟侧壁及顶板			2019-05-11	2019-06-13
正常		SHT010602010101	站区北侧电缆沟沟道盖板安装			2019-05-11	2019-06-13
正常		SHT010602010102	站区南侧电缆沟沟道盖板安装			2019-05-11	2019-06-13
完工滞后		SHT010202010303	9~12m层7-13轴框架梁			2019-05-07	2019-05-20
完工滞后		SHT010202010304	12~15m层7-13轴框架梁			2019-05-21	2019-06-05
正常		SHT010202010103	9~12m层7-13轴构造柱			2019-05-07	2019-05-20
完工滞后		SHT010202010204	9~12m层7-13轴框架柱			2019-05-07	2019-05-20
完工滞后		SHT010202010205	12~15m层7-13轴框架柱			2019-05-21	2019-06-05
完工滞后		SHT010202010502	9~12m屋面板			2019-05-07	2019-05-20

图 5-3 工程划分界面

二、安全管理中 BIM 与数字孪生技术的应用

在"安全管理——视频监控"模块中，各参与方都可以通过安装在施工地点的摄像头对整个工地的施工情况进行实时监控或观看施工视频回放，有助于业主、监理方、施工方进行事中控制，及时纠正施工过程中的不当操作，以及后续隐蔽工程的检查、复核，减少了安全隐患和纠纷。如图 5-4 所示。

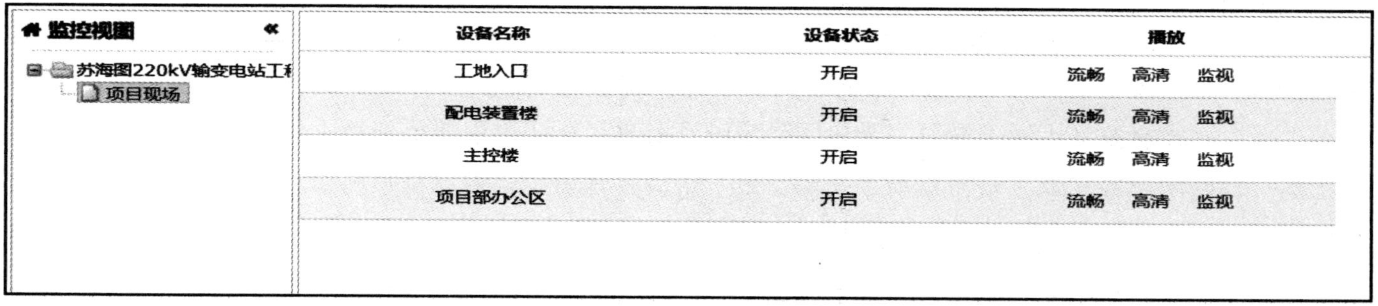

设备名称	设备状态		播放	
工地入口	开启	流畅	高清	监视
配电装置楼	开启	流畅	高清	监视
主控楼	开启	流畅	高清	监视
项目部办公区	开启	流畅	高清	监视

图 5-4 视频监控界面

在"安全管理——危险源管控"模块中，可以查看每个分部分项工程的危险状况，包括状态、工序、一类风险源、二类风险源、可能导致的事故、危险程度、风险级别和预控措施等。通过风险数据库即可获得这些信息，针对每个输变电工程的特殊性，相关人员也可以从人工录入或修改危险源列表。

在"安全管理——日常巡查"模块中，可查看安全责任划分，包括标段、安全员、责任区域、状态等信息，如图 5-5 所示。在"安全设施"子模块中可以查看每个标段的安全设施情况，包括编码、名称、类型、状态、所在位置、责任人、进厂日期等。在"安全巡查"子模块中，可以查看从施工开始到结

束每一天的安全巡视情况，包括重大危险源巡查和安全设施巡查的结果和处理情况。通过平台上日常巡查的功能有助于安全责任落实到人和信息查询。

编号	安全员	组长责任人	责任区域	状态	监配人	登记日期	操作
安装工程	张红丽	陈来军 于乐日 梁晓东	支扣编导子电缆 设备安装 支扣编导子,中性点闭合储能互锁 隔离开关 闭围组合电器 杯电缆	有效	超级管理员	2019-10-28	✎ ⊘ ✖
土建工程	邵少坚	张少东 陈永军 梁晓东 戴耀	1-6储开关, 蕴室交换 主母通信箱3.85~7.8m构结连, -0.05~4.6m填充器队队 主构通结性	有效	超级管理员	2019-07-19	✎ ⊘ ✖

图 5-5 安全责任划分界面

工程各参与方可以通过"安全检查"模块，查看与安全检查相关的单位、检查单及日期等，在"安全整改通知"子模块中，检查单位可以下发安全整改通知，并且可以关联到具体的分部工程；被检测的单位可以通过 BIM 系统收发到详细检查结果，在整改后结果。检查单位复查整改后结果，通过实地检查单与上传的整改措施进行对比，给出复查结果。这样的安全检查促进了双方交流的同时，留下了完整的整改记录，预防了以后可能出现的双方责任相互推诿的情况，提高了安全管理效率。

在"安全管理——安全费用"模块中，可查看安全费用总计划（图 5-6），安全费用月计划以及安全费用支出的情况。在"安全费用支出"子模块中，每一项安全支出记录或者查看每一项安全支出的发生日期、金额、审批人和审批状态等信息。此外，每一项安全费用都可以关联到具体的分部工程上，有助于安全费用的精细化管理。

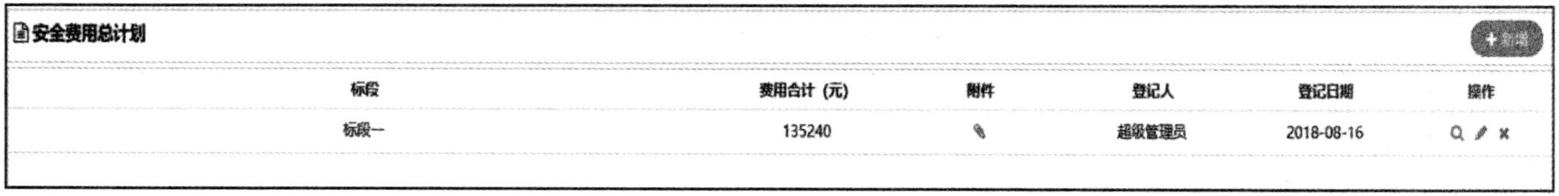

安全费用总计划					+ 新增
标段	费用合计 (元)	附件	登记人	登记日期	操作
标段一	135240	🖉	超级管理员	2018-08-16	Q ✏ ✖

图 5-6 安全费用总计划界面

在"安全管理——安全档案"模块中，可查看或上传各参与方人员的信息，包括编号、姓名、职务/工种、联系方式、危险告知书等内容，如图 5-7 所示。另外，可以通过工地入口的安全帽识别查看人员是否在施工现场。在"安全交底"子模块中，可以录入或查询安全交底的信息，包括编号、名称、交底人、交底日期、施工单位联系人等信息，每条安全管理信息都可以关联到具体的分部分项工程。通过安全档案，加强了对人员和工程的管理，将每一处分部分项工程的安全责任落实到人，保证每个人员都接受了安全教育，知道潜在的安全危险，也便于后续的信息查询。

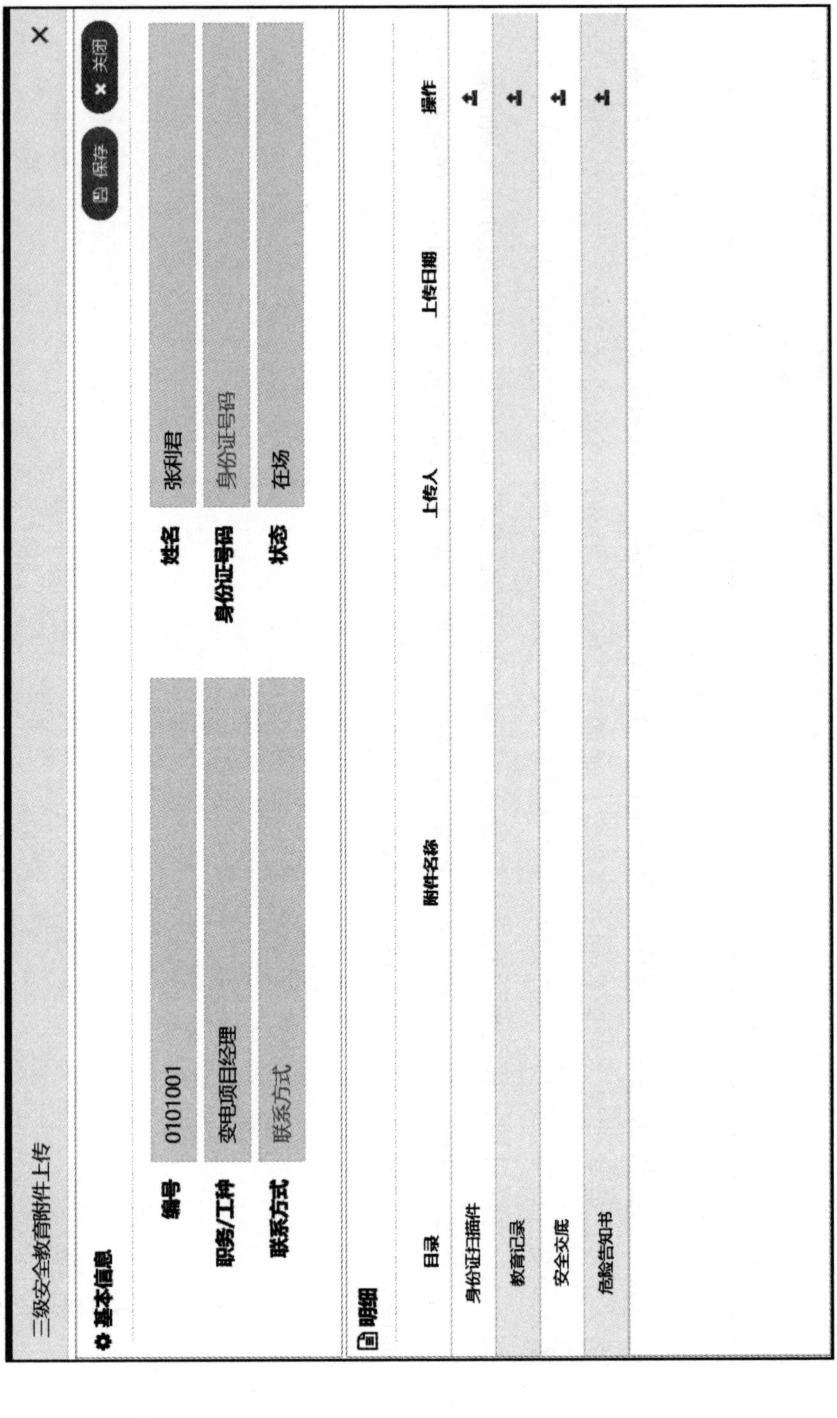
三级安全教育附件上传
保存
关闭
基本信息
编号
0101001
姓名
张利君
职务/工种
变电项目经理
身份证号码
身份证号码
联系方式
联系方式
状态
在场
明细
目录
附件名称
上传人
上传日期
操作
身份证扫描件
教育记录
安全交底
危险告知书

图 5-7 安全教育人员信息界面

通过"安全管理——应急管理"可上传并查询应急预案的详细信息，如图 5-8 所示，包括项目/标段、类型、名称、备注和附件等，附件中包含具体的应急预案。通过"安全管理——应急演练"可录入或查询应急演练相关信息，包括演练项目、演练目的、演练时间、演练地点和演练人员等，且在附件中包含演练方案及批复、演练通知、签到表、演练总结（含过程照片）。科学的应急管理，可以提高施工现场工人的安全意识，减少损失。

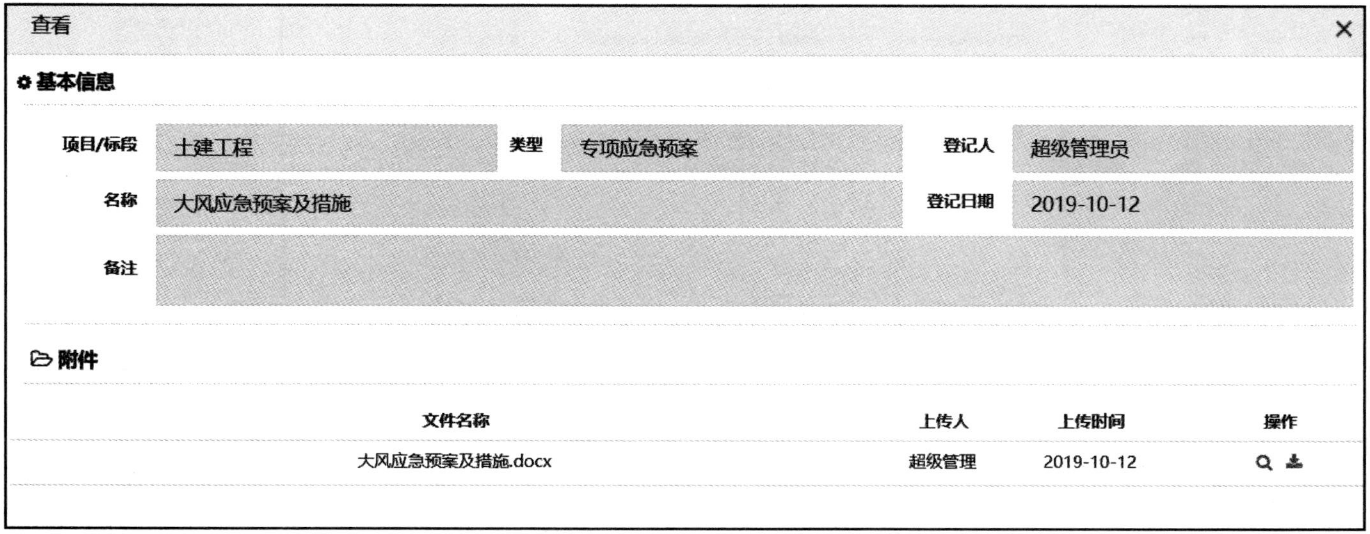

首查

⚙ 基本信息

项目标段	土建工程	类型	专项应急预案	登记人	超级管理员
名称	大风应急预案及措施			登记日期	2019-10-12
备注					

📁 附件

文件名称	上传人	上传时间	操作
大风应急预案及措施.docx	超级管理	2019-10-12	🔍 ⤓

图 5-8 应急预案信息界面

三、质量管理中 BIM 与数字孪生技术的应用

通过"质量管理——项目质量"可查看控制点列表、控制点名称、控制点编号、状态、质量表单等内容。施工方可以通过上传操作上传质量管控评定表；监理方可以通过在线审核质量审核进行质量审核或者下载相关材料，既提高了监理方审核的效率，又便于质量管控信息的储存和查询，具体如图 5-9 所示。

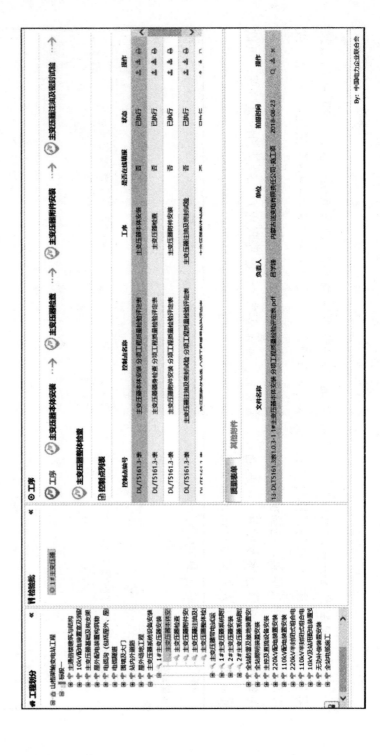

施工方可以通过"工程报工"对已完成的工序进行报工，而监理方则可以通过"工程报工"进行在线审核。除此之外，该页面还可查询工序的工程量和人材机的实际消耗量，便于后续的结算，如图 5-10 所示。

图 5-9 质量管理界面

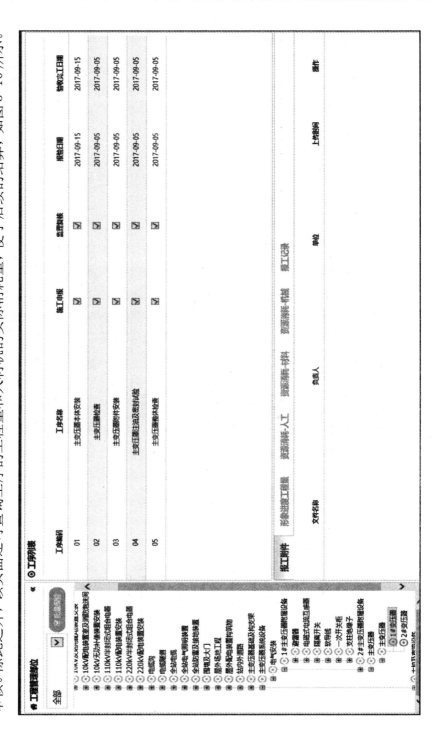

图 5-10　工程报工界面

在"供应商管理"模块中，可录入或查看供应商相关信息，包括供应商名称、供货标段、供货范围、营业执照、采购合同、联系人等内容。此模块有利于甲方对供应商进行管理、快速联系、保证供货质量，如图 5-11 所示。

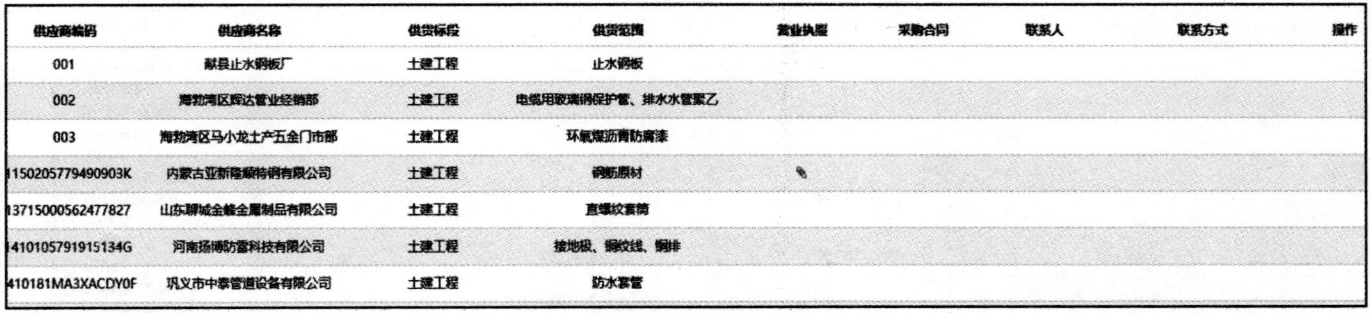

供应商编号	供应商名称	供货标段	供货范围	采购合同	联系人	联系方式	附件
001	鄱县止水钢板厂	土建工程	止水钢板				
002	潍坊湾区古塔土社生物制品	土建工程	电缆用防腐涂料保护套、排水水套管乙				
003	海勃湾区马小龙土产五金门市部	土建工程	环氧树脂漆和防腐漆				
11502057794090903K	内蒙古亚新隆顺特钢有限公司	土建工程	碳酸钢钢材				
13715000562477827	山东恒地金蜂金属制品有限公司	土建工程	直螺纹套筒				
14101057919151346	河南荥阳防雷科技有限公司	土建工程	接地极、接地线、焊件				
410181MA3XACDY0F	巩义市中孚管道设备有限公司	土建工程	防水套管				

图 5-11　供应商管理模块

在"人员管理"和"机械设备管理"模块中，可录入或查看各参与方人员和设备信息。人员信息包括编号、岗位性质、岗位分类、姓名、联系方式、设备类型、三级安全教育和状态等，如图 5-12 所示；设备信息包括设备编号、设备名称、设备型号、设备类型、年鉴报告有效期、操作员、所属标段、所属队伍等。"机械设备管理"模块加强了人员和机械设备的管理，有助于施工的顺利展开和减少安全质量问题。

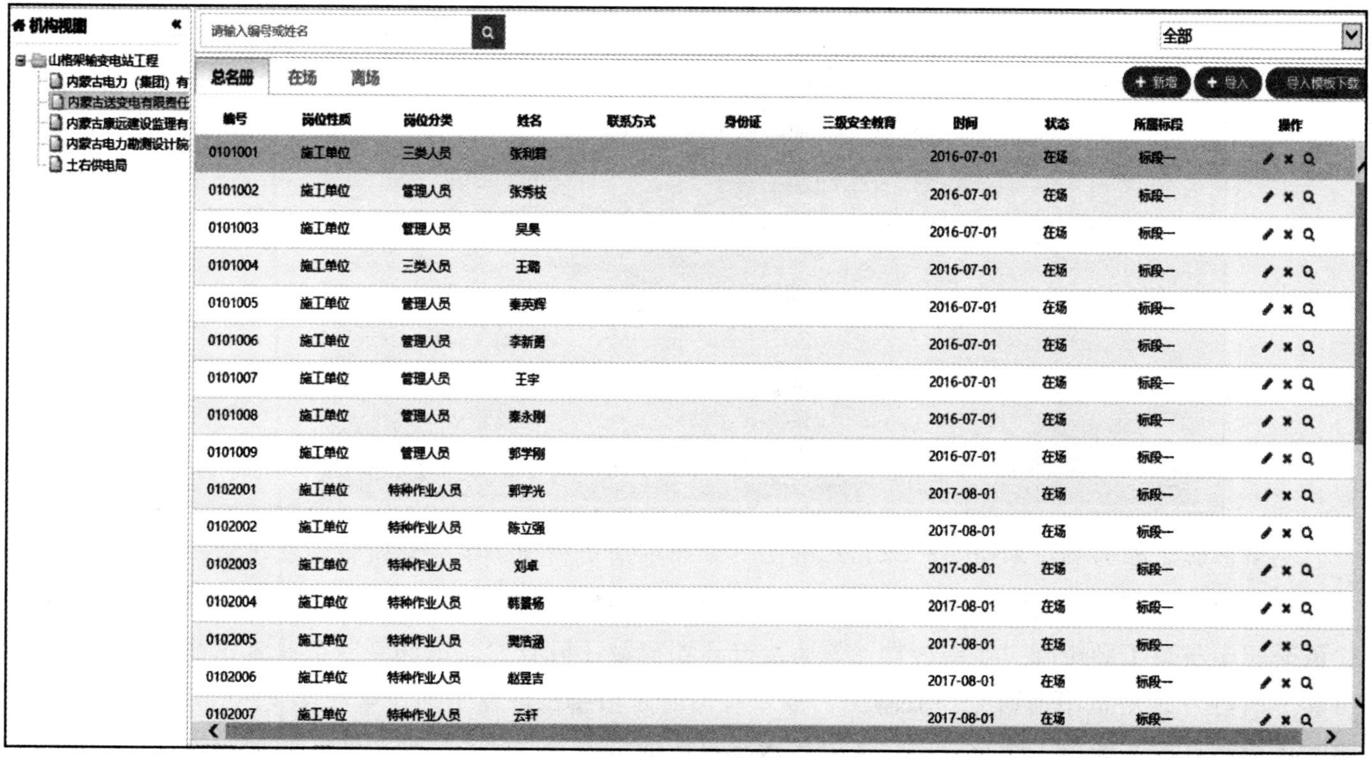

图 5-12 人员管理界面

在"模型管理——模型数据管理"模块中可录入或查看已有模型的属性数据。通过"工程部位"模块可导入或查看每个部件的三维模型。如图 5-13 所示是某变电站的三维图，在此可以导入每个部位的模型数据、清单量数据、形象量数据、人工数据、材料数据、机械数据等，且每个部位的模型参数均可以导出二维码，通过手机扫描二维码即可在移动端查看模型相关数据，有利于不同参与方人员之间的信息交流。如图 5-14 所示为主变压器的三维模型和参数。在"工程部位"模块中可以进行筛选，通过筛选功能可以找出某一段标高的构件，有利于观察模型并及早发现隐藏错误，减少施工过程中的变更。此外，变电站电缆的三维模型也包含其中。如图 5-15 所示，通过三维模型可以清楚地观察到电缆的线路，便于施工方进行施工并减少损耗。由于电缆价值比较高，因此可以在一定程度上降低业主的成本。

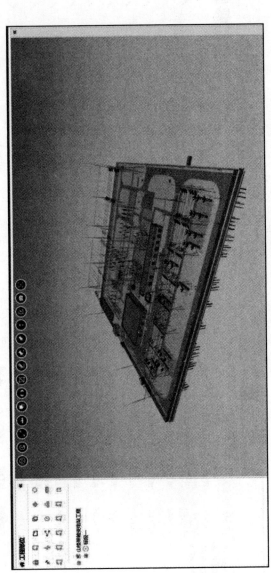

图 5-13　某变电站三维图

图 5-14 主变压器三维模型及参数

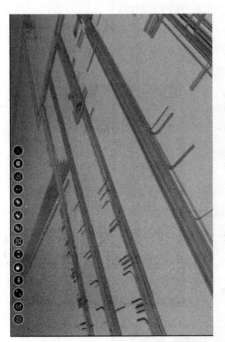

图 5-15　电缆三维模型

四、造价与成本管理中 BIM 与数字孪生技术的应用

通过"造价管理——合同设置"可以设置清单类别和合同类型。在合同列表中可增加合同或查看已有合同，相关单位可以上传关于合同的附件。在合同清单中可以查看每个合同的工程量清单，包括清单编号、清单名称、项目编号、项目特征、单位、清单数量、清单单价等。工程量清单数据可以由 XLS 和 XLSX 导入，导入的文件需要按照模板填写，如图 5-16 所示。

可以通过"造价管理"查看预付款和进度款信息，业主方和监理方可以在线进行审核，支付完成后，相关人员可以在线录入支付证书信息，包括合同价及变更金额、到上期末累计完成金额、本期报送金额、监理审核金额、造价咨询审核金额、建设单位审核金额、到本期末累计完成金额、支付金额等信息，如图 5-18 所示。

在"造价管理——变更管理"中，施工单位可以在线申请工程变更，包括变更类型、合同图号和图名、增减金额、工期变化、清单变化、变更原因、变更内容、变更依据等内容，如图 5-18 所示。而业主方和监理方则可以在线对施工方上传的材料进行批复，提高了交流的效率。

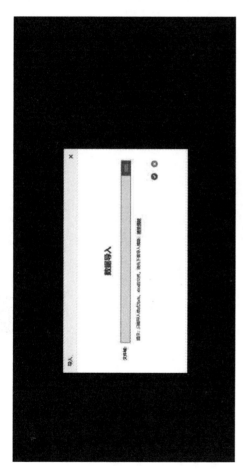

图 5-16 工程量清单数据导入

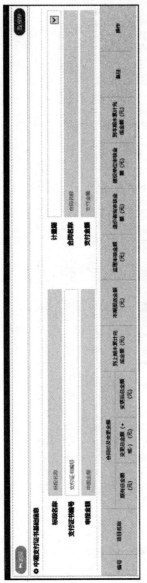

图 5-17 支付证书信息录入

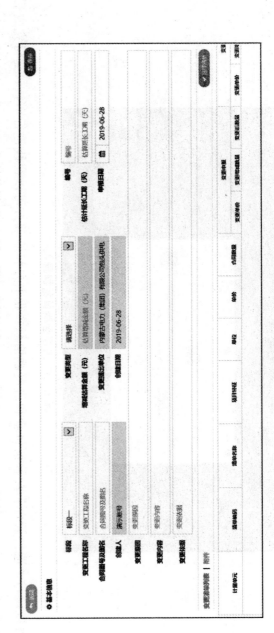

图 5-18 变更信息录入

五、档案管理中 BIM 与数字孪生技术的应用

文档管理信息包括业主文件、监理文件、施工文件和工程准备阶段文件，如图 6-29 所示。其中，业主文件包括管理制度、相关法律和建设标准；监理文件包括进度控制、质量控制、安全控制、标准工艺、监理会议纪要、监理计划、检查验收记录和监理工作总结。工程准备阶段文件包括立项文件、开工审批文件、招投标及合同、建设用地及项目评估研究材料和设计文件。

通过"文档管理"将与工程有关的文件归类整理，便于各参与方的资料传递和查询，借助数字化管理方式的应用，能促进档案的整合，保障档案资料的全面性和完整性。

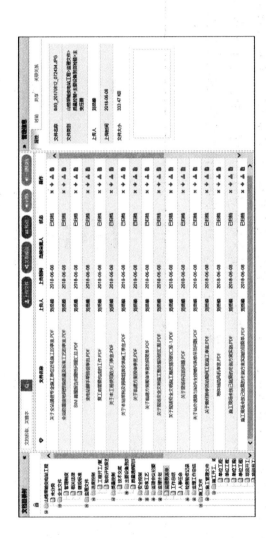

图 5-19 文档管理界面

标准库信息包括建模信息标准库、施工信息标准库、表单模板、清单标准库、危险源辨识标准库、资源编码库、安全费用指标库。建模信息标准库主要是设备或者材料的管理属性，包括几何信息和非几何信息，也可以查看或者修改已有的工程量清单以及人、材、机的消耗的类型、编码等信息，如图 5-20 所示。

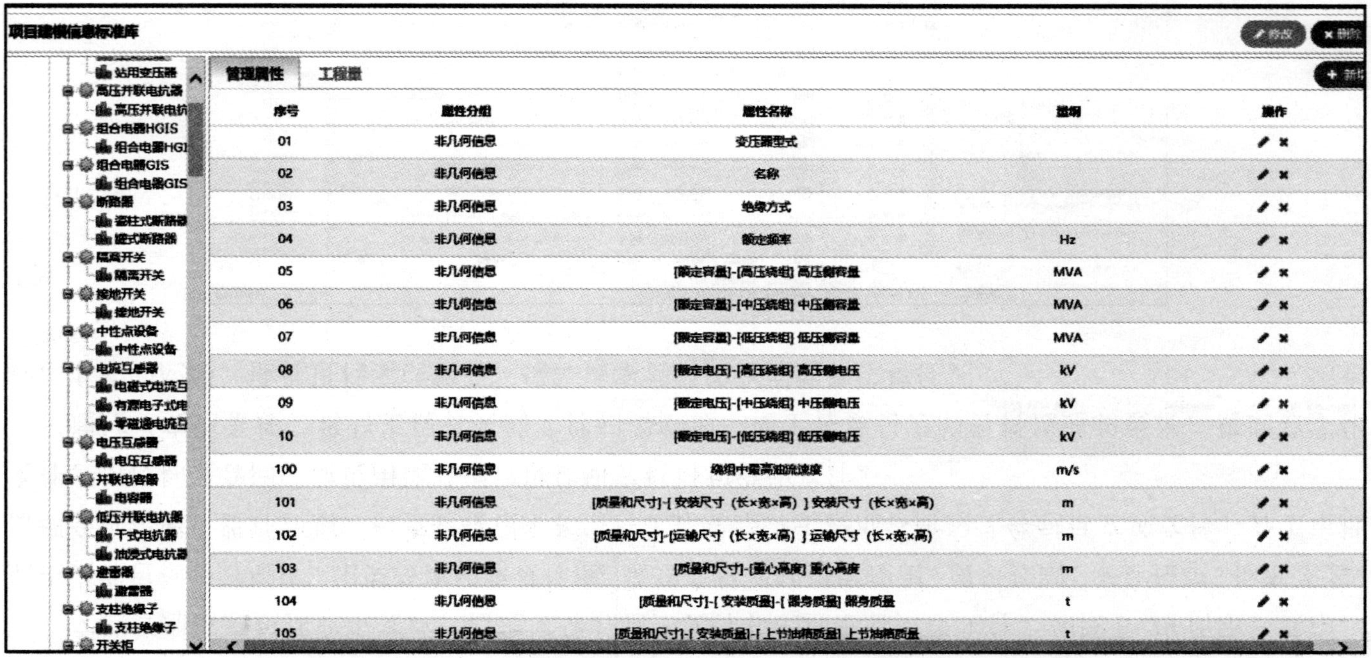

图 5-20 建模信息标准库管理属性

施工信息标准库包括每个分部分项工程的工序以及每个工序的管理控制点、工程量和危险源划分。

在危险源划分中可以查看看或者添加作业活动、可能导致的事故、危险程度和预防措施等信息，如图 5-21 所示。

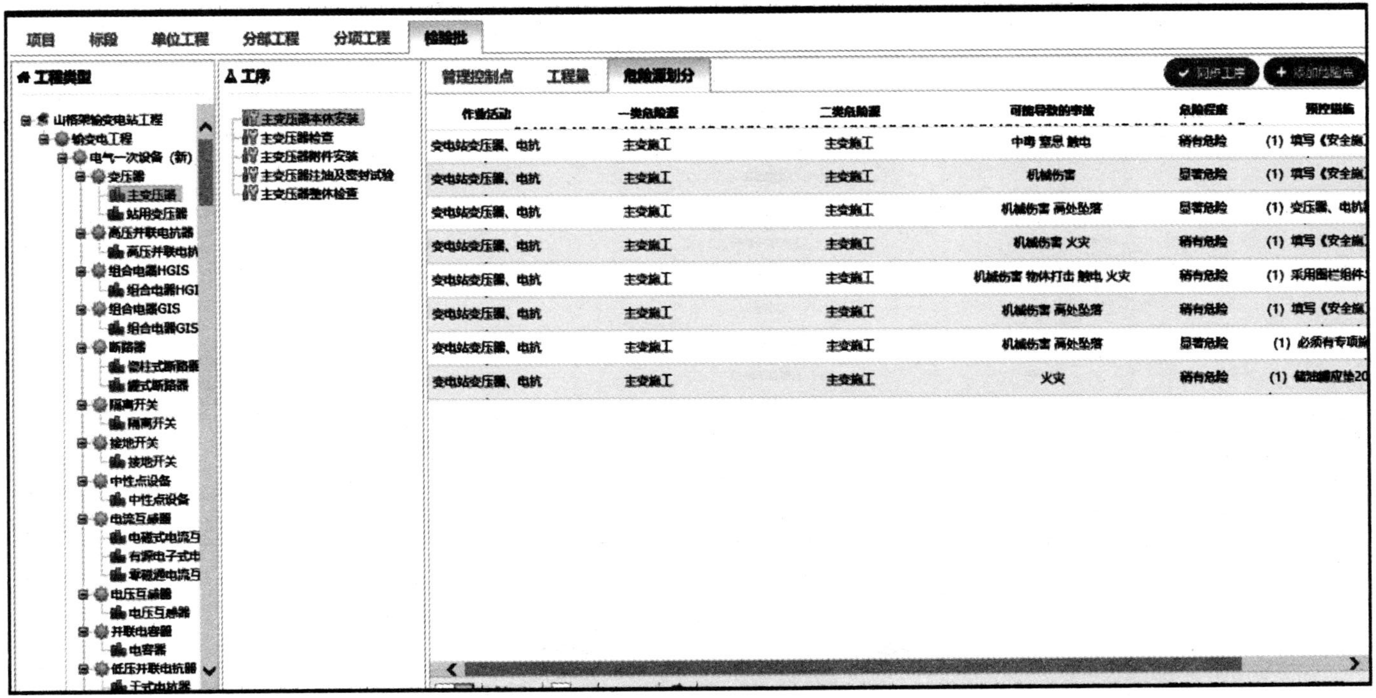

图 5-21 施工信息标准库

表单模板主要是输变电工程中所需要用到的标准化的表格，包括管理用表、检查记录表、评定表和试验用表。

清单标准库主要是输变电工程中的清单库，包括清单编码、清单名称、计量单位、项目特征等信息，如图5-22所示。

清单编码	清单名称	单位	项目特征	附件
BT4201A11	场地平整	m2		
BT4201A12	挖土方	m3		
BT4201A13	沟槽土方施工	m3		
BT4201A14	掺滤渣，碎砂	m3		
BT4201A15	掺滤方	m3		
BT4201A16	掺石方	m3		
BT4201A17	沟槽石方施工	m3		
BT4201A18	土(石)方回填	m3		
BT4201B11	条型基础	m3		
BT4201B12	独立基础	m3		
BT4201B16	设备基础	m3		
BT4201B20	桩基处理	个		
BT4201C11	地面散水面层	m2		
BT4201C12	地面块料面层	m2		
BT4201C14	台阶	m2		
BT4201C15	室外地坪，散水	m2		
BT4201C16	室内沟道，楼道	m3		

图5-22 清单标准库界面

危险源辨识标准库信息包括输变电工程各个部分可能存在的风险源的名称、可能导致的事故、危险程度、风险级别和预控措施等内容，如图 5-23 所示。

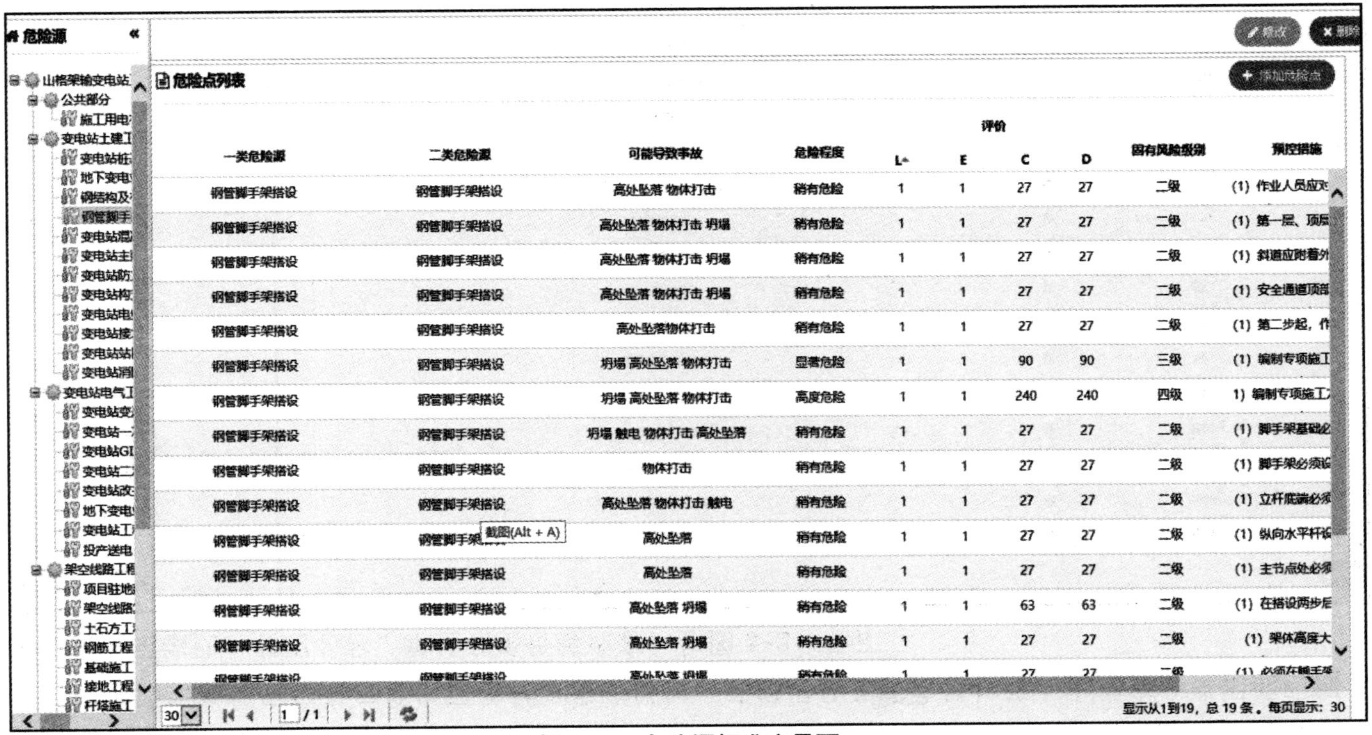

图 5-23 危险源标准库界面

资源编码库信息包括人工、机械、材料三类资源的资源编号、资源名称、单位、规格型号、类型和采购提前期等内容。

安全费用指标库信息包括电源器材、消防器材、劳保用品和防护器材等九大类安全费用的明细，具体有费用编码、费用名称、单位和单价等内容，如图5-24所示。

费用编码	费用名称	单位	单价	操作
0401	安全宣传标识牌	项	5000	
0402	安全防护用品检验	项	10000	
0403	不锈钢标识牌	块	3000	
0404	不锈钢标识牌	块	800	
0405	规格标识牌操作件牌	块	50	
0406	铝合金大展板	块	300	
0407	铝合金小展牌	块	200	
0408	安全警示牌	块	45	
0409	隔离警示牌	块	300	
0410	设备、材料状态标识牌	块	30	
0411	料量牌	块	30	
0412	脚手架牌	块	50	
0413	铝合金宣传栏标识牌	块	700	
0414	宣传栏牌	张	10	
0415	LED屏	块	4300	
0416	投影仪	套	4800	
0417	展牌	幅	2500	

图5-24 安全费用指标库界面

通过建模信息标准库，信息使用者可以快速找到每个设备的参数、资源消耗量。通过施工信息标准库，监理方可以加强对施工作业的控制，施工方可以十分方便地查询各个工序的潜在安全风险，减少安全事故的发生。通过表单模板，监理方、业主方和施工方可以从中快速获取输变电工程各阶段所需的标准化的表格，提高各方工作、交流效率。通过建立输变电清单标准库，有利于建设方快速地查找相应的清单，编制工程量清单。通过危险源标准库，有助于监理方和施工方进行安全管理顺利进行，减少安全事故。通过资源编码库，使得材料设备拥有统一的编码，使得归档整理更方便，并且有利于库存管理，减少库存成本，保证材料供应。通过安全费用指标库，便于安全设备的采购，也有利于安全设备采购的造价控制。

参考文献

[1] 中华人民共和国住房和城乡建设部. 建筑信息模型应用统一标准. GB/T51212-2016 [S]. 北京：中国建筑工业出版社, 2016.

[2] 中华人民共和国住房和城乡建设部. 建筑信息模型施工应用标准. GB/T 51235-2017 [S]. 北京：中国建筑工业出版社, 2017.

[3] 中华人民共和国住房和城乡建设部. 建筑信息模型设计交付标准. GB/T 51301-2018 [S]. 北京：中国建筑工业出版社, 2018.

[4] 中华人民共和国住房和城乡建设部. 建筑信息模型分类和编码标准. GB/T 51269-2017 [S]. 北京：中国建筑工业出版社, 2017.

[5] 中华人民共和国住房和城乡建设部. 制造工业工程设计信息模型应用标准 GB/T51362-2019 [S]. 北京：中国计划出版社, 2017.

[6] 国家能源局. 电力工程信息模型应用统一标准 DL/T2197-2020 [S]. 北京：中国电力出版社, 2021.

[7] 柳娟花. 基于 BIM 的虚拟施工技术应用研究 [D]. 陕西：西安建筑科技大学, 2012.

[8] 王珺. BIM 理念及 BIM 软件在建设项目中的应用研究 [D]. 四川：西南交通大学, 2011.

[9] 杨东旭. 基于 BIM 技术的施工可视化应用研究 [D]. 广东：华南理工大学, 2013.

[10] 张凤春, 刘玉梅. BIM 工程项目管理 [D]. 北京：化学工业出版社, 2019.